ちくま新書

大人が愉しむウイスキー入門

輿水精一
Koshimizu Seiichi

1381

大人が愉しむウイスキー入門【目次】

第三章　日本人とウイスキー　079

第四章　ウイスキーをどう愉しむか　121

写真・図版提供 サントリーホールディングス株式会社
イラストレーション ヤギワタル

プロローグ　ウイスキー最新事情

この十年というもの、ウイスキーを取り巻く環境の激変ぶりには驚かされます。

昨今は居酒屋で若者が、ジョッキでハイボールを飲む姿に驚きを感じることもなくなりました。バーのカウンターで女性が独りシングルモルトを楽しむ光景も珍しくありません。十年前は居酒屋で単に水割りとオーダーしたら、黙って焼酎の水割りがやってきたものです。家庭の冷蔵庫にハイボールをつくるための炭酸が常備されている光景など、やはり十年前には想像できませんでした。

世界中のウイスキーがいながらにして容易に手に入るようになった日本で、年数表示された日本のウイスキーが最も手に入りにくい存在といってよいのかもしれません。

蒸溜所を訪れる人が増え、私の勤務する山崎蒸溜所では、見学者の半分が外国人という日も珍しくありません。毎年世界数十カ国から多くの人々が来場され、テイスティングカウンターでゆったりとウイスキーを楽しまれています。二〇一八年一月の香港のオークションで、『山崎50年』が一本三〇〇〇万円を超える価格で落札されたという驚愕のニュースもありました。

ウイスキーは長い貯蔵熟成期間を伴うため、全く酒類業界に関係のなかった人が新規参入することも想像だにしませんでした。日本のウイスキー市場は一九八〇年代前半にピークを迎え、その後二五年近くダウントレンドの中にありました。今再びウイスキーに注目が、しかも世界中の注目が集まっていますが、これは単にウイスキーの復権、復興といったものではなく、新たな価値に根ざした再生というべきものでしょう。

私は一九七三年にサントリー株式会社（当時）に入社し、早くも四五年もの年月が経過しました。私が入社したのはまさにウイスキー全盛の時代でした。最初の勤務地は、今はもうなくなってしまいましたが、神奈川県川崎市にあった洋酒の瓶詰め工場でした。ダルマの愛称で親しまれた『オールド』が右肩上がりに成長し続け、とにかく市場から製品を切らしてはならないという至上命令のもと、綱渡りという言葉がぴったりするような増産対応が続いたものです。

酒税増税による高値感も手伝ってか、その後ダウントレンドに転じたウイスキーは級別制度の廃止や焼酎との税差縮小など、税制改正で多少の浮き沈みはありましたが、市場は縮小の傾向が二五年間も続きました。

そして、ここ最近の十年はシングルモルトへの関心の高まりに加えて、何といってもハイボール人気によって再び上昇に転じました。幸いというべきか、私はこの三つの時代をウイスキーの生産、研究開発担当として体験することができました。

世界の五大ウイスキーという表現は一九七〇、八〇年代の『オールド』全盛の時代にもありましたが、現在の日本は名実ともに世界の五大ウイスキー産地のひとつといってよいでしょう。私は二〇〇四年から十一年間インターナショナル・スピリッツ・チャレンジ(ISC)という世界的な蒸溜酒コンペティションの審査員を務めました。その当時、世界中から五〇〇本近いウイスキーが出品されるこのコンペティションで、スコットランド、アイルランド、アメリカ(カナダを含む)、日本が独立したカテゴリーとして扱われ、この五カ国以外は〝その他の国々〟と区分されていました。五大ウイスキーという評価は審査員全員の共通認識であったと思います。

日本における本格的なウイスキーづくりは一九二三年、山崎蒸溜所の建設が始まったところからスタートしました。ワインやビールの国産化の歴史とは異なり、大阪の一起業家であった鳥井信治郎《とりいしんじろう》（現サントリーホールディングス株式会社の創業者）の、日本人の手で日本人の嗜好に合ったウイスキーをつくりたい、という熱い想いから始まりました。摂津酒造株式会社（現宝ホールディングス株式会社）からスコットランドに派遣され、ウイスキーづくりを習得した竹鶴政孝《たけつるまさたか》の力を得て、大阪の民の力で始まったウイスキーづくりは今や世界のトップクラスの評価を得るところまできました。

スコッチウイスキーを偉大なる手本としながらも、やがてはそれを凌駕《りょうが》するウイスキーをつくりたいという想いは強く、品質向上に努める過程では日本ならではのものづくりの精神が発揮されました。全くの異文化の酒であったウイスキーは、日本の風土の中で独自の進化を遂げ、その間に築き上げられた日本独自のウイスキー文化、バー文化は今や世界に向けて発信されています。

一本のウイスキーは何世代もの人間のバトンリレーの結果です。二〇〇五年、私は『山崎50年』の開発を担当しました。この製品に配合された原酒は一九五〇年代前半に仕込まれたものです。一九四九年生まれの私にとっては、全くその存在さえ知らない大先輩方が残された遺産であり、私と全く同時代を生き抜いた原酒たちでした。鳥井信治郎、竹鶴政孝に始まり、その想いを引き継いだ幾多のつくり手たちの努力が、今日のジャパニーズウイスキーをつくり上げました。全ての先達たちの努力には感謝以外の何ものもありません。

ウイスキーに関わり続けた四五年間のうち、一九九一年以降の二七年間はブレンダーとして関わりました。それまでは瓶詰め工場、研究所、蒸溜所に勤務し、原酒づくりから熟成の過程を経て最終的に製品として世に出されるまでの全てを体験することができました。特に樽づくりや貯蔵熟成を現場の管理者として、そして研究開発の一員として両面から見ることができたのは大変幸運なことでした。

科学が発達した現在でもウイスキーづくりの現場は多くの謎に満ちています。なかでも熟成の神秘には興味が尽きません。六〇歳を過ぎて現役ブレンダーとして最後の製品づくりに当たった際も、新たな気づきや発見の連続には驚かされたものです。分かっているようで何も分かっていない自分に気づかされました。良くも悪くも想像を裏切る、ブレンドの不思議は多くの魅力に満ちたものでした。

これまでのウイスキー人生を振り返るたび、つくづくものづくりは現場が全てだと思います。ブレンダーにとっての現場は蒸溜所や瓶詰めを行う工場にとどまりません。実際にお客様がウイスキーを購入される売り場や、ウイスキーを飲まれる飲み場も大切な現場です。ブレンダーの役割のひとつは、ウイスキーの魅力や不思議の世界をお伝えするアンバサダーとしての活動ですが、様々な現場からその重要性を改めて思い知らされました。

ウイスキーはサイエンスを通じた本質の追求、飽きることなく美味を追い求めるアートの世界、そして長年の経験に裏打ちされた職人的感性によって完成されるものです。まだまだAIの力も熟練のブレンダーに及ぶことはないでしょう。そんなウイスキーの世界をこの本を通して少しでもご紹介できましたら、これに優る喜びはありません。

第一章
ウイスキーはどんなお酒か

1　ずばり、ウイスキーの魅力とは

本章ではまず、ウイスキーというお酒の特性を紹介します。ウイスキーの魅力は、いうまでもなくその味わいにあります。芳醇な香り、複雑で力強く豊かな味わいは他に類をみないと言ったら言い過ぎでしょうか？　味わいの豊かさのなせる業なのでしょう、ウイスキーは、いわゆるストレートで飲むだけでなく、オン・ザ・ロックスや水割り、ハイボール、時にはお湯で割ったりと、様々な飲み方ができるという点でも他のお酒とは随分異なります（飲み方については第四章で具体的に詳しくご紹介します）。

また、大人数でワイワイガヤガヤと楽しむだけでなく、独りバーのカウンターでじっくり飲む、というスタイルがこれほど似合うお酒はないでしょう。バーでオン・ザ・ロックスを楽しむ様を想像してみてください。大振りで重量感のあるグラス、透明できれいにカットされた氷、美しい琥珀《こはく》色のウイスキー、もちろんそれを提供してくれるバーテンダーの鮮やかで無駄のない所作、グラスを揺らすときのカランという心地よい音、五感の全てを刺激するウイスキーの美味しさには格別のものがあります（バーでの楽しみ方も第四章にて詳しくご紹介します）。

海外ではウイスキーはもっぱら食後酒として楽しまれていますが、日本ではウイスキーを水割りやハイボールで何か食べながら飲む、食中酒としても楽しんでいます。これもウイスキーならではの香味の複雑さ、味わいの豊かさによるものでしょう。日本人は世界で一番ウイスキーの魅力を理解している民族なのかも知れません。

†蒸溜酒であり、熟成する酒である

お酒にはワインやビール、日本酒に代表される醸造酒と、醸造してできたお酒をさらに蒸溜してつくる蒸溜酒があります。またリキュール、みりん、合成清酒といった混成酒もあります。蒸溜酒の仲間にはウイスキー、ブランデー、今世界的に話題を呼んでいるジン、そしてラム、ウオツカ、テキーラ、それにもちろん日本の焼酎や泡盛など、世界中には様々な原料をもとに多彩な蒸溜酒が存在します。醸造酒のもつ芳醇な香りを蒸溜という工程によって、選択的に濃縮したのが蒸溜酒です。それぞれのお酒はつくられる土地の気候風土や農産物をもとに、長い歴史の中で磨き上げられてきたものです。その土地に住む人々の知恵や食文化が凝縮したものですから、それぞれのお酒に優劣などつけようもあり

ません。

しかし、製造方法や品質からみるとウイスキーには他のお酒にはない大きな特徴があります。

その第一は、ウイスキーはワインと並んで〝熟成する酒〟であることでしょう。千円でお釣りの来るウイスキーから、一本一〇〇万円するものまであるという点でも、ワインとウイスキーには共通点があります。

蒸溜直後のウイスキーは無色透明ですが、私たちが日頃口にするウイスキーは皆どれも美しい琥珀色をしています。これは長期間樽《たる》で寝かすうちに起こる熟成という現象の結果です。熟成期間中にウイスキーは香味が豊かでまろやかな液体に変化していきます。一〇年、二〇年、時には三〇年以上もかけて変化していく熟成という現象は、他のお酒にはないウイスキーならではのものです。この熟成という現象の不思議については第二章、第五章など後にも詳しく触れることにします。

†ウイスキーの語源は〝命の水〟

ウイスキーの琥珀色の正体は、樽からウイスキー中に溶出してくる木材の成分です。実はウイスキーの中には樽由来のポリフェノールがしっかり含まれているのです。赤ワインに含まれているポリフェノールの話は、お酒好きならどなたもよくご存知でしょう。ウイスキーの中にも抗酸化力の強いポリフェノールが含まれていて、それらの成分の効用研究も様々になされています。

日本のウイスキー市場は一九八〇年代の半ばから長い低迷期に入りましたが、その期間ブレンダーとしてウイスキーの味づくりに携わってきた私は、何とか愛飲者を増やしたいという想いから、様々な活動に関わってきました。

かつてはウイスキーを飲んでいたのに今はもっぱら焼酎です、という方の多いことにブレンダーとして大きな驚きを感じたものですが、この勢いは一向に収まる気配がありませんでした。この心変わりされたお客様たちを取り戻すことが、ブレンダーの重要な使命であることはいうまでもありません。焼酎に移行されたお客様方にその理由をお尋ねすると、「焼酎は体にやさしい」「焼酎は翌日楽だ」といった健康に関わる答えが結構多く返ってきました。私からしてみると、抗酸化力の強いポリフェノールをたっぷり含むウイスキーこそ飲み方上手な方にふさわしいお酒なのだ、といつも思っておりました。

そもそもウイスキーという言葉の語源を遡っていくと最終的にアクアビット（Aqua vitae)、ラテン語の「命の水」という言葉に行き着きます。蒸溜酒は英語ではSpiritsですが、改めてその意味を辞書で調べると、人を元気づける、鼓舞するものという解説が出てきます。蒸溜酒は本来人々に元気を与えるものとして捉えられてきたのです。それをさらに樽に寝かしたことで抗酸化力の強いポリフェノールがしっかり含まれるのですから、健康に関心がある方にも、心強いお酒だと信じています。

もちろん、ウイスキーはお酒ですから、適量飲酒、上手に付き合うことが大切であることはいうまでもありません。ウイスキーのアルコール度数は一般的に四〇度程度です。高度数であることで身体への影響を懸念される方も多いでしょう。しかし、その点では日本人はまことに上手にウイスキーとつきあってきました。かつては水割り、今日ではハイボールと、実際にはアルコール度数一〇度程度で楽しんできたのですから、大変上手な飲み方とともにウイスキーを受け入れてきたといえます。

人類は有史以前からお酒とつきあってきました。お酒は人と人とのコミュニケーションを円滑にし、時にはストレスから解放してくれ、時には生きる力や勇気を与えてくれます。日々の食事をより楽しく美味しくしてくれるのもお酒です。もちろんアルコールの過剰摂取による事故や犯罪、依存症の問題や、肝機能への影響など、マイナスの側面は忘れてはなりませんが、お酒の持つ効用と併せて、トータルプラスとなるようなおつきあいをしたいものです。

ウイスキーのポリフェノール効果

ここでお酒、特にウイスキーの効用について行われた様々な研究の一部をご紹介しましょう。

赤ワインは動脈硬化や心臓血管系の病気を予防するといわれています。これは赤ワインに含まれているポリフェノールが寄与していると考えられています。ワインのポリフェノールは原料であるブドウの果皮や種に含まれています。赤ワインは果皮や種子も一緒に醸造されますので、ポリフェノール量は白ワインより赤ワインの方が多くなります。

このポリフェノールに抗酸化作用のあることはすっかり有名になりました。抗酸化作用とは、私たちの体内に過剰に存在すると様々な病気の原因となる活性酸素を除去してくれる効果であり、老化や生活習慣病の危険性を下げてくれる働きをもっています。

ワインやウイスキー中にはタンニンが含まれていますが、これもポリフェノールの仲間で、特に熟成されたウイスキーには樽由来のコンジェナー（お酒の成分から水とアルコール分を除いた成分の総称）を含んでおり、お酒の味わいを形成する成分として大変重要な役割を果たします。これらは樽材中のリグニン由来の分解物、タンニンと総称される成分などで、抗酸化作用をもっています。樽由来の成分なので、熟成年数の長いウイスキーほどこのようなポリフェノールを多量に含んでいることが多くなります。

かつて『山崎18年』というウイスキーのコンジェナーの量を計ってみたところ、四八〇リットルの大きさの樽の場合、約二キログラム近いことが分かりました。ウイスキーの抗酸化力の強さは赤ワインと白ワインの中間であると言われています。

†糖尿病とウイスキー

ウイスキーのコンジェナーの様々な効用に関する研究の一部をご紹介しましょう。

糖尿病はがんや心筋梗塞、脳卒中と並ぶ代表的な成人病のひとつです。糖尿病には四タイプあり、日本では九〇パーセントが2型糖尿病といわれています。中高年以降に多く見られ、生活習慣病ともいわれます。

過去には飲酒は2型糖尿病にはマイナスとされていましたが、複数の疫学研究により飲酒習慣が2型糖尿病の発症に予防的に働き、適量飲酒が発症リスクを軽減するという研究報告もあります。

糖尿病では腎症や網膜症が深刻な問題ですが、この合併症に関わるのがアルドース還元酵素といわれるものです。アルドース還元酵素の阻害薬は実際に治療薬として用いられます。実はウイスキーをオーク樽で熟成中に生じる成分が、アルドース還元酵素の働きを強く抑制する効果のあることが知られています。またこの効果は熟成期間が長いウイスキーほど強くなるとのことです。

それ以外にも、ウイスキーの香りにはストレスの緩和作用があることが分かっています。ストレスが加わると脳の中で興奮性の神経伝達物質の働きが強くなって神経細胞の活動が過剰になります。この時、過剰な神経活動を鎮め、神経細胞がオーバーヒートしないようにするのが抑制物質と呼ばれるもので、GABA（gamma aminobutyric acid）はその代表的なものです。ウイスキーにはGABA受容体の感度を高めストレスを和らげる作用があることが知られ、この作用は熟成中に生じる成分が関与していると考えられています。

森を散策すると日頃のストレスから解放され、気持ちがリフレッシュする、心が鎮まっていくのを体感したことがあると思います。この森の香りに共通する成分がオークの抽出物の中にもあるのでしょう。一般的にウイスキーの香りの中には自律神経活動を変化させ、心身をリラックスさせるものがあるといわれています。私が思うにお酒の効用のひとつは、日常のストレスから解放されることでしょう。それはアルコールによってもたらされるものでしょうが、ウイスキーの場合は香りの効果が加わることで、さらにその傾向が強いといえるのではないでしょうか。

†ウイスキーならではのブレンドとは？

ウイスキーに関して、他の酒にない美味しさの秘密のひとつは熟成ですが、もうひとつは〝ブレンド〟といって差し支えないでしょう。お酒の世界ではブレンドは必ずしも珍しいことではないかもしれません。フランスワインの代表ともいえるボルドーワインは、カベルネ・ソーヴィニヨンやメルロなど品種の異なるワインのブレンドが味わいの決め手となっているようです。ブルゴーニュワインがピノ・ノワール品種にこだわるのとは対照的です。日本酒でも製品間のばらつきをなくすという意味でブレンドという行為は重要な役割を果たしているといわれます。

ウイスキーのブレンドは一〇、二〇、時には三〇種類以上もの個性の異なる原酒の組み合わせによって新しい個性を創造する、という点に極だった特徴があります。他のお酒との大きな違いは、ブレンドに用いる原酒の種類の多さにあるのです。

もともとウイスキーでは、大麦等の麦芽を原料とするウイスキーと、とうもろこしや小麦などの発芽していない穀物を原料とするウイスキーを組み合わせることをブレンドと定義していました。現在では大麦麦芽を唯一の原料とするウイスキーでも、品質の明らかに異なるものを組み合わせることもブレンドと呼んでいます。日本酒や焼酎の世界でもメーカーごと、ブランドごとの品質の違いにしばしば驚かされますが、ウイスキーの場合、意図的に大きな違いのある原酒づくりを目指すため、その差はさらに大きなものとなります。

スコッチのシングルモルトウイスキーが好きな方でしたら、スモーキーなタイプ、フルーティなタイプ、美味しそうな穀物の香りが特徴的なタイプなど、同じ大麦麦芽を原料としながら全く異なる味わいのウイスキーが存在することはよくご存知のことでしょう。日本のメーカーの場合、一社の中で麦芽の違いや発酵、蒸溜条件の違い、熟成させる樽の違い、などの組み合わせによって多種多様な原酒をつくっています。

†つくり手の想いやこだわりの結晶である

ブレンドする原酒のタイプの多さによって、味や香りの複雑さ、ボリューム感が全く異なるものになります。ブレンド素材の多様さによって、表現できる世界は格段に広がります。

これは音楽でいえば、ソロ演奏とオーケストラ演奏の違いに喩《たと》えることができます。もちろん、卓越した技量を持つプロ奏者のソロ演奏の素晴らしさはいうまでもありません。その一方でオーケストラでしか表現し得ない世界があるのも事実です。シングルモルトが蒸溜所の個性を最大限表現するものであるとしたら、ブレンドされたウイスキーの魅力はアンサンブルであり、どのような香味のウイスキーをつくりたいかというつくり手の想いがこもっています。どれだけ多彩な原酒を保有しているかという制約はあるのですが、ウイスキーには自ずとメーカーそれぞれの目指すウイスキーの姿が現れます。

ウイスキーは自然の恵みに加えて、つくり手の想いやこだわりの凝縮した酒である、ということは、それだけ各ブランドにはそれぞれのメーカーの品質に対するこだわりが強く現れているのです。各ブランドに秘められた物語を知ることもウイスキーを味わう楽しみのひとつといえます。物語を知ることでより一層ウイスキーの味わいは深みを増していくでしょう。

どんな酒であれ、美味しい酒をつくりたい、というつくり手たちの熱い想いやこだわりの上に成り立っていますが、その美味さを決定づける背景には様々な特徴があるような気がします。

ワインはつくられる土地、ブドウの品種やその年の作柄が品質に大きな影響を及ぼす酒であり、その点農業的で自然とのかかわりの非常に強い酒といえます。ビールは圧倒的な生産量の多さもあるでしょうが、極めてクリーンな環境の中で、雑味のない純粋で均一な味わいを追求する酒のように思えます。そこでは原料処理や醸造に関する技術そのものが問われます。

一方ウイスキーは、特に貯蔵熟成工程が典型的ですが、科学的に解明されていない部分が多く、製造工程をどれだけ注意深く丁寧に見守ってやるかで、品質が決まっていきます。また、ブレンドで目指す味わいを実現するという点でも、ウイスキーの美味さは人の関与が大きい、といえるのではないでしょうか。

2　お酒の中での位置づけ

†醸造酒と蒸溜酒、お酒の製造過程早わかり

前述のとおり、お酒の中には醸造酒と蒸溜酒、それに混成酒があります。醸造酒の中でも日本酒やビール、ワインなどとは製造方法や発展の歴史が大きく異なります。ブドウのように原料中に糖分を含むものに対し、米や麦など澱粉《でんぷん》質で構成されている原料では、まず澱粉を糖分に変える糖化という工程から始まります。酒づくりの主役である酵母は、澱粉を直接分解できないからです。澱粉を糖に変換するためには酵素の力を利用します。ビールやウイスキーはその際、麦を発芽させることで活性化する酵素の力を活用します。一方、日本酒や焼酎では麹《こうじ》の持つ酵素の力を利用します。日本酒の世界では品質上〝一麹、二酛《もと》、三つくり〟という言い方をしますが、それほど糖化という工程が重要ということなのでしょう。そして、澱粉を糖分に変える方法の違いはお酒の味わいにも強い影響を及ぼします。

おおまかにいうとワインを蒸溜したものがブランデーで、ビールを蒸溜したものはウイスキーとなります。実際には、蒸溜する直前のウイスキーの醪《もろみ》とビールとは香味的に随分と異なります。ホップの有無という違いもありますが、それ以上の違いが両者には存在します。美味しいビールを蒸溜したら美味しいウイスキーが出来るというわけではありません。それはブランデーにもいえるようです。

ワインは糖化という工程がなかったこともあり、歴史的には非常に古く、少なくとも紀元前六〇〇〇年頃にジョージアでつくられていたといわれています。黒海の東岸、コーカサス山脈の南麓にあたるジョージアは、かつてソ連の一構成国であり、グルジアとう名前でおなじみでした。今も地中に埋めた卵形の甕《かめ》を用いて野性酵母で発酵させるという究極のナチュラルワインが、クヴェヴリワインという名前でつくられています（クヴェヴリは甕を意味します）。

†ウイスキーの起源

ビールの起源は紀元前四〇〇〇年頃のメソポタミア地方といわれます。紀元前数世紀にはドイツの一部で飲まれていたようです。ウイスキーは蒸溜という工程が加わるだけに、さらに遅れて誕生しました。蒸溜技術そのものは、紀元前三五〇〇年頃メソポタミアで生まれたといわれています。いつ頃から酒つくりに蒸溜という技術が用いられたかは明らかではありませんが、紀元前八〇〇年から七五〇年ごろにはインドとエチオピアで蒸溜したお酒がつくられていたと考えられています。

蒸溜技術は錬金術師たちによってさらに進化するとともに世界各地に伝わっていきました。錬金術師たちは蒸溜技術を用いて不老不死の薬をつくろうとしたといわれています。ワインを蒸溜したものをeau de vie（命の水。フランス語）と称したのもその名残でしょう。蒸溜技術はブランデー、ウイスキー、ジン、ウオツカ、アクアビットなど、ヨーロッパ各地に今も楽しまれている蒸溜酒を誕生させることになります。日本伝来に関しては琉球ルート、朝鮮半島ルートなど諸説ありますが、一三世紀には蒸溜酒が伝来し、一四世紀には泡盛がつくられたといわれています。

さて、ウイスキーの起源ですが、五〜六世紀頃アイルランドの修道士が蒸溜技術を地中海地方から持ち帰り、その後、この修道士がスコットランドにその技術を伝えたことからスコッチウイスキーが生まれたという説があります。そのためアイルランドがウイスキー発祥の地ともいわれますが、歴史的な記述は残っていないようです。これは当時ケルト人が文字を持たなかったことも影響しているのでしょう。スコッチウイスキーについての現存する最古の記録は、一四九四年のスコットランド財務府の記録です。当然、それ以前からつくられていたのでしょうが、それを証明する文献は存在が確認されないようです。

†ウイスキー、世界へ伝播する

ウイスキーはスコットランド人たちの手によって今日の形にまで進化し、世界を代表する蒸溜酒となりました。中でも、樽による貯蔵が必須のものとなること、連続式蒸溜器が開発されグレーンウイスキーが誕生すること、そしてモルトウイスキーとグレーンウイスキーとを組み合わせるブレンド技術が向上することで、ウイスキーは今日のような洗練された味わいのお酒に進化していきました。

アメリカ大陸でのウイスキーづくりはスコットランドやアイルランドの移民たちによって始まりました。アメリカ東部で始まったウイスキーづくりは合衆国独立後政府が重税を課したこともあり、内陸部に移動していきました。ケンタッキーやテネシーまで移動することで、その地の栽培に適したトウモロコシを原料とするウイスキーがつくられることになります。これがバーボンの起源となります。

これに対し日本のウイスキーは全く違う流れで産業化していきますが、これはまた後の章でふれることにします。

†世界の五大ウイスキー

世界中でつくられるようになったウイスキーですが、スコットランド、アイルランド、アメリカ、カナダ、日本の五つの地域でつくられるウイスキーは「世界の五大ウイスキー」と呼ばれます。かつての五大ウイスキーにはそれぞれ製造方法や香味に大きな特徴があり、区別しやすかったのですが、近年は様々な試みがなされ、製法や香味の差別化が段々薄れてきたように思われます。

①アイルランド

ウイスキー発祥の地ともいわれるアイルランドは、かつてはスコットランドと並んでウイスキーづくりが盛んでしたが、一九三〇年代には蒸溜所の数は六カ所にまで衰退しました。近年アメリカ市場等を中心に活気を取り戻してきたことはウイスキーファンにとっては大変嬉しいことです。

アイリッシュウイスキーといえば、三回蒸溜や発芽していない穀物を使用すること、またスモーキーフレーバーはないというのが特徴でしたが、例外はどんどん増えてきました。しかし、味わい的には口当たりのよい、穀物的風味の豊かな飲みやすいタイプが多いような気がします。二〇一七年時点で、蒸溜所は小規模なものを入れると一八ヵ所が稼動しているといわれています。日本同様多彩な原酒づくりを行っており、多彩な製品で楽しませてくれます。

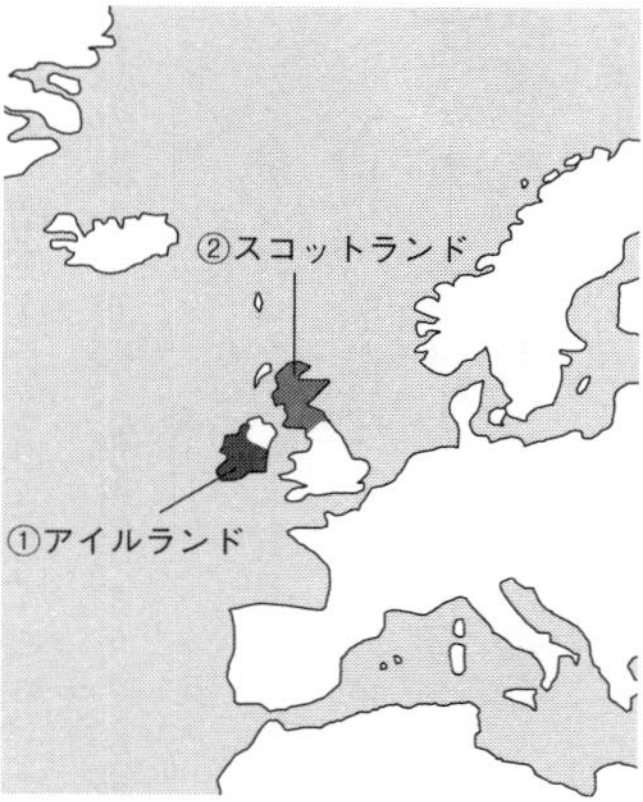

世界五大ウイスキーの生産国①、②
（編集部作成）

②スコットランド

スコッチウイスキーの世界でも最近は新たな試みが増えており、製品はますます多様化してきました。新興国のウイスキー需要が増えていることもあり、新たな蒸溜所の誕生や、一時休止していた蒸溜所の再稼動など、今では一二〇ヵ所以上の蒸溜所が稼動しています。さらにこの数年で蒸溜所が数十カ所生まれようとしており、大変な活気を感じます。スコッチウイスキーは一般に香味が豊かで重厚、個性的なものが多く、蒸溜所ごとの特色あるウイスキーづくりも魅力です。

アイリッシュウイスキーやスコッチウイスキーは基本的には日本と原料、製造方法がよく似ていて、製品はシングルモルトウイスキーとブレンデッドウイスキーが主体となります。また、スコットランドや日本、アイルランドがポットスチルという銅製の蒸溜釜で二回繰り返し蒸溜するという方式をとるのに対し、アメリカやカナダでは連続式蒸溜器が用いられます。

③アメリカ

アメリカのウイスキーは原料や製法で厳密に定義されますが、実質的にはバーボンウイスキーに代表されるといってよいでしょう。トウモロコシを主原料（全体の五一パーセント以上）として蒸溜は八〇度以下と高度数、また貯蔵が新樽のみというのが特徴です。穀物の風味が豊かでホワイトオーク樽由来の、バニラ香を中心とした甘く華やかな香りが大きな特徴です。新樽しか使わないという定義もありますので、スコッチや日本のウイスキ

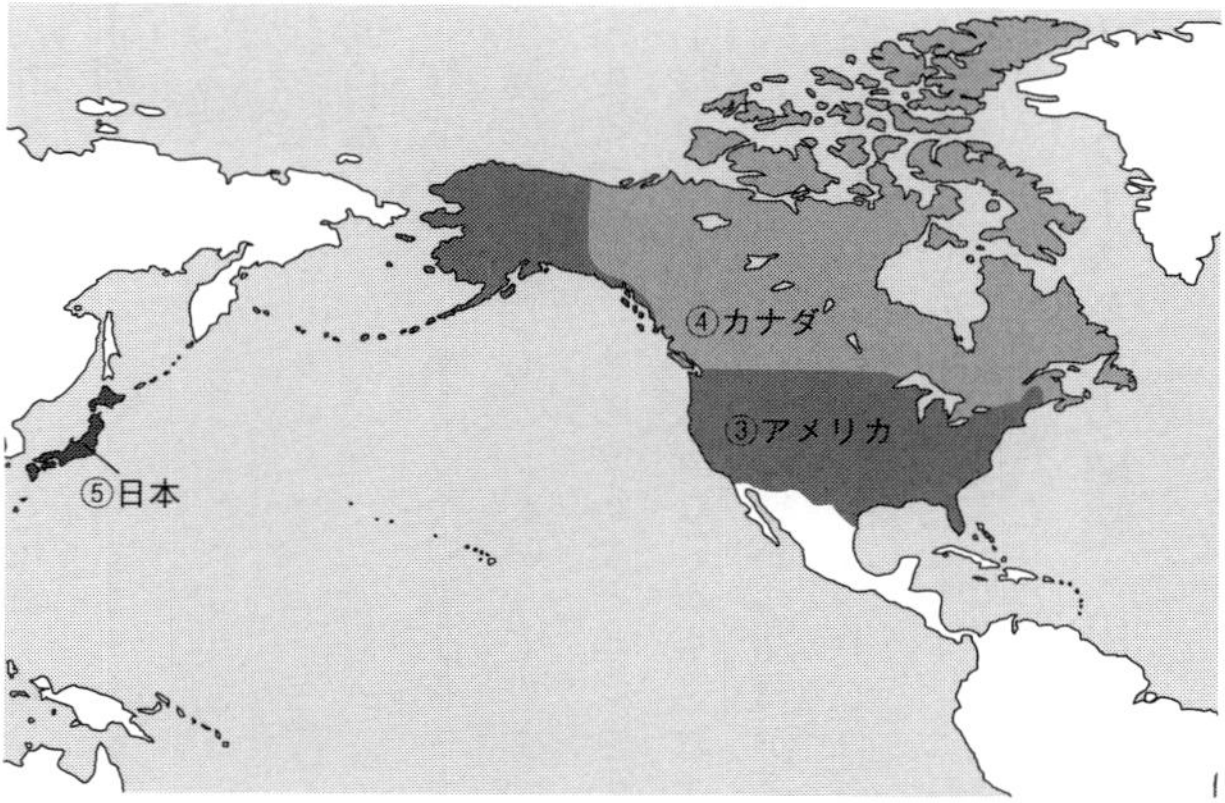

世界五大ウイスキーの生産国③、④、⑤（編集部作成）

ーのようにあまり長期貯蔵のウイスキーはありませんが、独特の味わいは世界中で楽しまれています。

④カナダ

カナダのウイスキーは一般に香り立ちが甘く軽快で、飲みやすいタイプが多いように思います。アメリカのウイスキーづくりに似ていますが、新樽だけでなく古樽も使用することの影響が大きいといえます。またライ麦の使用も品質に大きな影響を与えています。アメリカでは一九二〇年代を中心に禁酒法が施行されウイスキーの製造が中断しますが、その間にカナダのウイスキー産業は大きく成長したといわれています。バーボンウイスキーが貯蔵年数を二年以上と定義するのに対し、カナダでは三年以上と定義しました。これは古樽を使用するということもありますが、カナディアンウイスキーのこだわりといってもよいでしょう。

⑤日本

日本のウイスキーはその製法をスコットランドに学んだこともあり、伝統的なスコッチの製法を踏襲しているといってもよいでしょう。しかし、香味的には大きく異なり、香りが複雑で繊細、まろやかでバランスのよいタイプが多いといえます。際立った個性、強い主張のウイスキーは少ないかもしれませんが、バランスのよさは抜きん出ています。またスタンダードクラスの製品の品質が高いというのも特徴のひとつです。これらは日本の自然、気候風土の中で日本人の手でつくられたこと、日本市場を中心に発展してきたことが大きく影響したといえそうです。これは後の章で改めてふれたいと思います（第三章）。

3　ウイスキーの種類・用語を知る

†モルトとブレンデッド

日本やスコットランドのウイスキーはまずモルトウイスキーとブレンデッドウイスキーとに区分されます。モルトウイスキーの中でも、ひとつの蒸溜所でつくられた原酒だけで製品化したものをシングルモルトウイスキーと呼び、製品ごとに多彩な個性をもつこともあって多くの熱烈なファンに支えられています。山崎や白州のように、ひとつの蒸溜所で様々な個性の原酒をつくっている場合も、同一蒸溜所の原酒でさえあればシングルモルトと呼ばれます。

また、シングルモルトの中でも、ひとつの樽で寝かされた原酒のみで製品化した場合、シングルカスクと呼びます。また、この際、一切加水することなく、樽の中にあった状態のまま瓶詰めされたものはカスクストレングスといいます。また複数の蒸溜所のモルトウイスキーを混和したものはブレンデッドモルトと呼びます。かつてはヴァッテッドモルトという言い方をしていましたが、ヴァッティングという言い方自体が現在は使用されなくなっています。

ウイスキー好きな方の中にはピュアモルトウイスキーという言葉があるのをご存知でし

ょう。ここでいうピュアという表現は、原料にモルト（麦芽）以外使用していません、という意味であり、シングルモルトとピュアモルトという言葉は併用されても全く矛盾のない言葉といえます。

同様に、同一蒸溜所のグレーンウイスキーだけで製品化されたものはシングルグレーンウイスキーと呼びます。

†ウイスキーのボトル、ラベルの読み方

ところで、ウイスキーのボトルには原材料が表示されています。そこにはモルト、グレーンといった表記がなされています。このモルト、グレーンはモルトウイスキーやグレーンウイスキーを表すものではなく、原料である麦芽や穀物を意味しています。シングルグレーンウイスキーなのに原材料としてモルトと書いてあることに違和感のある方がいるかもしれません。これは穀類を糖化するために麦芽の酵素力を使ったことを意味しているのです。

さらにラベルなどによく現れる言葉について補足しましょう。ウイスキーには一二年、一八年といった年数の表記されたものが多くあります。もちろん樽で熟成されていた期間

を表すのですが、ウイスキーを製造する場合、サントリーでは、一回のブレンドに数十樽から数百樽分の中味を混和するのが普通です。その際ブレンドした樽の一番熟成年数の短いものの年数を表示するというのがルールです。一二年という表記は最低貯蔵年数が一二年以上であることを示し、その上限は問いません。実際一二年ものと表記しながら三〇年ものを一部使用するということもあります。

またアルコール度数を表すのにプルーフ（proof）という表現が使わることがあります。これには二種類あってアメリカの場合、一〇〇プルーフはアルコール五〇度を意味し、イギリスの場合は一〇〇プルーフが五七・一度を意味しています。

ウイスキーは蒸溜という工程で香りの成分を選択的に濃縮したものです。四三度のアルコール度数の製品では、成分によっては溶解できる限度まで、飽和状態で存在しています。そのため飲用時に水で希釈したり、氷でしっかり冷やすとアルコールの中に溶け込んでいた香味成分が不溶化し、濁ってみえることがあります。また、時には低温下で長期間保管されたりすると中味に沈殿や浮遊物ができることがあります。

これらの成分は皆ウイスキー本来の成分であり、大切な香味成分の一部です。実際には外観上の品質を確保するために、瓶詰め前にウイスキーを冷却して濾過し、濁り成分を一切除去してしまうのが一般的です。これを冷却濾過と呼んでいます。この冷却濾過（チル・フィルトレーション）を行わない製品をノンチル（ノン・チルフィルトレーション）と呼び、多くの愛好家がいます。この場合、沈殿物が発生することのないよう、通常製品の度数を四六〜四七度以上に設定しています。

ウイスキーを表現する言葉は、ウイスキーの香りや味の特徴を具体的に表現する言葉と、ウイスキーの品質を総合的に評価する用語とに分けられます。またそれらは専門家の使う評価用語と一般のお客様の使う言葉に分かれるといってよいでしょう。

†ウイスキーの香味の表現

香りや味を描写する用語をまとめたものが次頁の図です。図の左側から右側にいくほど具体的な表現となり、具体的なモノが登場してきます。左側の言葉（一次用語）は世界共通で、右側にいくほど地域の特徴が表れます。地域の食文化、生活文化がよく表れるといってよいでしょう。実際に海外のブレンダーたちと評価のすり合わせをした時に同じ専門家同士なのに、不快と思う香味の感じ方、その強度に差があることに驚かされたこともありました。

ウイスキーの香味の表現

【一次用語】	【二次用語】	【三次用語】
スモーキー	薬品的な	フェノール臭
		ヨード臭
		クレオソート臭
	ピーティ	燻製様
		スモークサーモン様
		グアヤコール臭
	ハーシュ	石炭がら様
エステリー	酢酸エチル様	酢酸エチル臭
		セメダイン臭
	フラグラント	バラ様
		カーネーション様
		フェネチルアルコール様
	フルーティ	リンゴ様
		洋ナシ様
		バナナ様
サルファリー	ゴム様	新しいゴム様
		タイヤ様
	硝煙様	亜硫酸ガス臭
		カーネーション様
		マッチ様
	イースティ	酵母臭
		ビタミン剤様
	ドブ臭	硫化水素臭

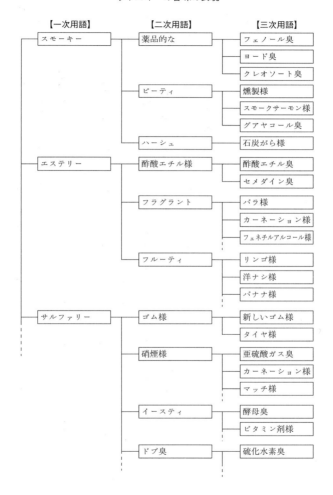

ウイスキーの香りは原料や発酵工程に由来するもの、蒸溜によって生まれる香り、貯蔵中に樽から抽出される香りなど様々です。専門家同士でも言葉の理解は完全に合致するものではなく、三次用語、あるいはさらにそれを分解した言葉でのすり合わせが必要となります。

サルファリーは少々分かりにくい言葉かもしれません。どちらかというと欠点を表現する言葉が多く含まれます。ゴム様は新しいゴムやタイヤを連想させる香りです。イースティは生の酵母の香りですが、ビタミン剤を連想させる香りも含みます。それ以外にも、硝煙様《しょうえんよう》といったマッチを擦った時の刺激的な香りも、サルファリーの仲間です。

これらは製造工程や樽などの不具合を表現する言葉でもあります。ウイスキーにとどまらないでしょうが、専門家やつくり手は欠点と感じている香りにはより過敏になり、ごく低濃度でも検知し、どうしてもネガティブな評価を下す傾向がありますが、必ずしもお客様がマイナスに感じられていないことにしばしば驚かされます。

エステリーはフルーティやフラグラントなど甘く華やかな香りの総称です。ウイスキーの中にはフレッシュな青りんごや洋ナシ、熟したメロンや桃など多彩な香りが存在します。ウイスキーの中にピッタリの果実の香りを見出すのは楽しいものです。

†言葉で決まる樽の運命

私は『山崎12年』を表現するのに、熟した柿をイメージしました。柿にはそれほど強い香りをイメージされないかもしれません。しかし、干し柿（私にとっては枯露柿《ころがき》）やまだ果汁感を残したあんぽ柿を口に含んだときの鼻に抜ける香りに、これだ！　と思ったのです。いっぽう世界ブランドとなった『山崎』のテイスティングノートとして、柿では外国人に理解できないといった話もありました。外国人にも分かりやすい言葉に代えるのが親切なのかもしれませんが、日本のウイスキーを表現するのに日本の食文化に従うのは当然では、とも思ったりしたものでした。

香味の特徴を表す言葉に対し、総合的な評価用語があります。これはウイスキーを鑑定、評価するのに用いる言葉であり、お酒のコンペティション、審査などで多く使われます。それだけに専門家としてウイスキーに対する深い理解や経験が必要となります。

具体的には、香りでは複雑さ、豊かさ、バランス、熟成感、ボディ（重厚か軽快か）、クリーンなどが挙げられます。味でも総量（濃醇、淡麗など）、まろやかさ、バランスなどが問われます。また後味のよさや長さも重要な評価項目となります。

ブレンダーは毎日一〇〇～二〇〇サンプルのウイスキーをテイスティングします。熟成途中の原酒の評価に関しては、一二年以上熟成させたものは一樽一樽チェックしていきます。樽ごとの差は一般の評価用語では表現しきれない微妙なもので、ブレンダー同士でお互いのニュアンスを擦り合わせることになります。そんな時に使う言葉は特性を描写する用語や総合評価に用いる用語よりも、香りが開いているとかこもっている、まるい、とがった、チクチク、ザラザラといった様々な言葉を駆使してお互いの評価を共有化していきます。

ここで用いられる言葉は体性感覚を表現する言葉が多くなるようです。いずれにしてもこのような言葉のやり取りを通じて、この樽は二〇年後のために大切にとっておこう、とか早めに使った方がよいとか、樽の運命が決まっていきます。

†ウイスキーの美味しさとは何か

ウイスキーの美味しさとは何でしょうか？　美味しさの定義は一人ひとりがそれぞれ固有の定義を持っているといえるでしょう。私自身はブレンダーとしてウイスキーの美味しさを考えるとき、次の三点を常に意識していました。

・ウイスキーそのものの味わい
・好ましい先入観を持っていただけるような質の高い製品関連情報
・学ぶ価値があると思っていただける中味情報、ものづくりの深さ
蒸溜酒であるウイスキーには糖分は含まれていませんが、しっかり熟成したウイスキーには甘さが感じられます。この甘さの由来は様々あるでしょうが、ひとつはバニラや果実などを連想させる香りが甘さを想起させていると考えられます。香りの質と量が問われるところです。また、ここには単にバランスがよいだけではなく、やみつきになるような個性も必要となります。これらは新製品を開発したり、既存の製品をブラッシュアップしていく際に常に意識します。

しかしそれ以外に実際に飲まれる以前の段階で、製品にどれだけ好印象、期待感を持ってもらえるかが肝心です。その意味では国際的なコンペティションでいかに高い評価を受けているかは重要なことだと思っています。第三者の客観的な評価の説得力は大きいと思います。

私がかつてISC（インターナショナル・スピリッツ・チャレンジ）というコンペの審査員を務めたことは紹介しました。コンペの目的とは何でしょうか。ウイスキー業界に関わ

るものとして、市場が健全にかつ永続的に発展していくためには、常に各メーカーが品質を磨き続け、魅力的な製品を提供し続けなければなりません。また、質の低い製品は市場から淘汰されていくべきでしょう。それは放っておいてもお客様自身が見極め、判断されるものです。ISCは敢えてつくり手自らが審査員となり、各メーカーのマスターブレンダーたちが自信をもってお薦めする製品と、積極的にはお薦めできない製品を峻別し、業界全体のレベルアップを図ろうという狙いをもったものでした。

また香味そのものではありませんが、メーカー独自の企業文化や姿勢、つくり手も含めた品格のようなものまでがウイスキーの美味しさを左右するのではないでしょうか。「あの会社は嘘をつかない」とか「ものづくりへのこだわりがすごい会社だ」とか言われたいものです。

もちろん、飲む場面、いつどこで誰と、どのようにして飲むかは大変重要です。心地よい音楽が流れる中で、重厚なクリスタルグラスに大きな丸氷、バーテンダーの見事な手さばきや、添えられるひとこと、などなど。そういったもののおかげで、口にする前から脳の中は美味しいという期待で一杯になります。

†絶対的な美味の世界

また、美味しさの感じ方は歴史や文化、つくり手それぞれのこだわりの内容や深さ、製造現場の様子などを知ることで一層深まっていきます。ということはそれだけの世界をそのウイスキーが持っているかどうかが問われます。コアなファンを一人でも多く獲得するということは、これら全てを意識した活動だと思っています。

とは言いながらもブレンダーとしては純粋に味としての美味さを追求しなければなりません。人は甘いものが好きな人、辛いものが好きな人、千差万別です。共通する絶対的な美味さなど存在するのでしょうか？

プロローグでも紹介したISCは審査員全員が各メーカーの現役のマスターブレンダー、マスターディスティラーであるという点で大変ユニークであり、権威あるコンペティションです。私も二〇〇四年からその審査員を十一年間務めました。スコットランド人を中心にアイルランド、アメリカ、日本から一〇〜一二名ほどの審査員で構成されます。国籍やメーカーの異なる人間が審査をして果たして評価はまとまるものでしょうか。

このコンペが素晴らしいのは、全員が合意の上で賞が決まるという点にあります。各審査員は二〇点満点でブラインドテイスティングにより評価を行います。一八点以上は金賞、一六点以上は銀賞といった基準が決められていますが、少なくとも金賞は全員が合意しないと与えられません。そのため、長いディスカッションが繰り広げられることもしばしばです。しかし、本当に素晴らしいウイスキーが出てくると、審査員全員が高評価を下し、あるのは賞賛の声だけで議論の余地はありません。また、欠点香味のある製品に対しては驚くほど低い評価が下されます。

嗜好が人それぞれなのに品質の優劣など決められるのか、という疑問もあるでしょうが、専門家の目からは絶対的な美味の世界が存在するのです。だからこそ、つくり手として美味しいウイスキーづくりに専念することができるのです。

†口に含んだ瞬間に決まる

ウイスキーの審査をする際は、スモーキーだとかフルーティだとかモルティとかいった個性のタイプはあまり気になりません。欠点臭・味はもちろん厳しく評価します。むしろ芳醇な香りの豊かさや全体のバランス感、また、価格や表示年数に応じた熟成感は十分かなど全体的な質感をチェックしています。

味わいも口に含んだときのまろやかさや味わいの総量、余韻の力強さやクリーンさなどに注目します。ただし、それら個別の要素をまず評価し、トータルで総合評価を下すというわけではありません。大概は、そのウイスキーを口に含んだ瞬間に総合評価はなされています。これが金賞に相当するものかどうかは最初に瞬間的に感じてしまいます。その上で、時間をかけてこのウイスキーが銀賞止まりなのはなぜ、という理由を個別の要素で判定しています。コンペでは一日に一〇〇点以上のウイスキーを評価しますが、このような多くの製品の評価が可能なのも、良し悪しは瞬間的に分かってしまうからなのでしょう。

この感覚は一般ユーザーの皆さんでも、飲んだ瞬間にそのウイスキーが好きな味か、あまり好きになれないタイプか決まってしまうのと同じことなのでしょう。絵画を見ても好きなものは瞬間に判断するでしょうし、どんな巨匠の絵画でも全てが素晴らしいと感じるわけではなく、自然に名作といわれるようなものは見分けている気がします。

それだけに、ブレンダーとして評価する力を向上させるため、今流通しているウイスキーに関して、どれだけ多くのウイスキーをテイスティングしたことがあるかどうかが重要です。素晴らしいと世界中のプロが絶賛するようなものを体感しておくのは当然ですが、品質の良くないものも体感しておくことが肝心です。そのために大切なことは、自分の中でウイスキー観を確固たるものにすることです。コンペティションはウイスキー観の競争といって間違いありません。

†ブレンダーの分身、シニアテイスター

毎日瓶詰めされるウイスキー。それらを全てブレンダー自らがチェックして出荷できたらよいのですが、現実には不可能です。たとえば今日ある工場で『角瓶』が瓶詰めされたとして、その中味が確かに角瓶として問題ないことをどうやって保証するのでしょうか。当然一樽一樽微妙に味わいの違うものからつくるのですから、厳密に言えばブレンドごとに味はばらつくことになります。それを一般的には感知されない程度のばらつきの中に収めるべく注力します。当然のことながら、定められた味わいの範囲内にあることを最終の出荷検査で保証しなければなりません。そこにはブレンダーに比肩するような官能評価力を持った評価者が不可欠です。そのためにサントリーでは、二〇年以上前のことですがシニアテイスターという制度を作りました。

もともと官能検査は重要な酒づくりの工程のひとつですから、異味や異臭をチェックする検査員は常に育成していました。それら選抜された優秀な検査員の中から、さらにシニ

アテイスター候補生を選抜しました。そしてブレンダーが講師となってブレンダーと共通の言葉で、同じような評価が出来る人材を一年がかりで育成しました。いわば、チーフブレンダーの分身であり、品質保証の最後の砦といえます。育成のためのカリキュラムと教材は全て手探りでゼロから作ったのですが、後から考えると、研修を受ける人よりも、講師となるブレンダー自身の最高の教育の場であったと、思い知らされました。

優れた官能評価者でも日々の体調、精神状態の影響もありますから、常に正しい評価ができるわけではありません。だからといって、専門家による官能検査は多数の検査員の平均値を求めるようなものでもありません。官能検査という仕事への高い意識と感度をもった人が、一人で責任を持って評価する、そこで最高の仕事がなされるのではないでしょうか。

確かに責任の重さは重大です。異常を指摘することは、製造ラインを止めることでもあり、大変勇気のいることです。私の経験でも、複数の評価機会があるとついつい他人の評価に依存したくなります。しかしそれは、結果として検査精度の低下を招くのではないかと思っています。最終評価者とは孤独なものですね。

第二章
ウイスキーが出来るまで

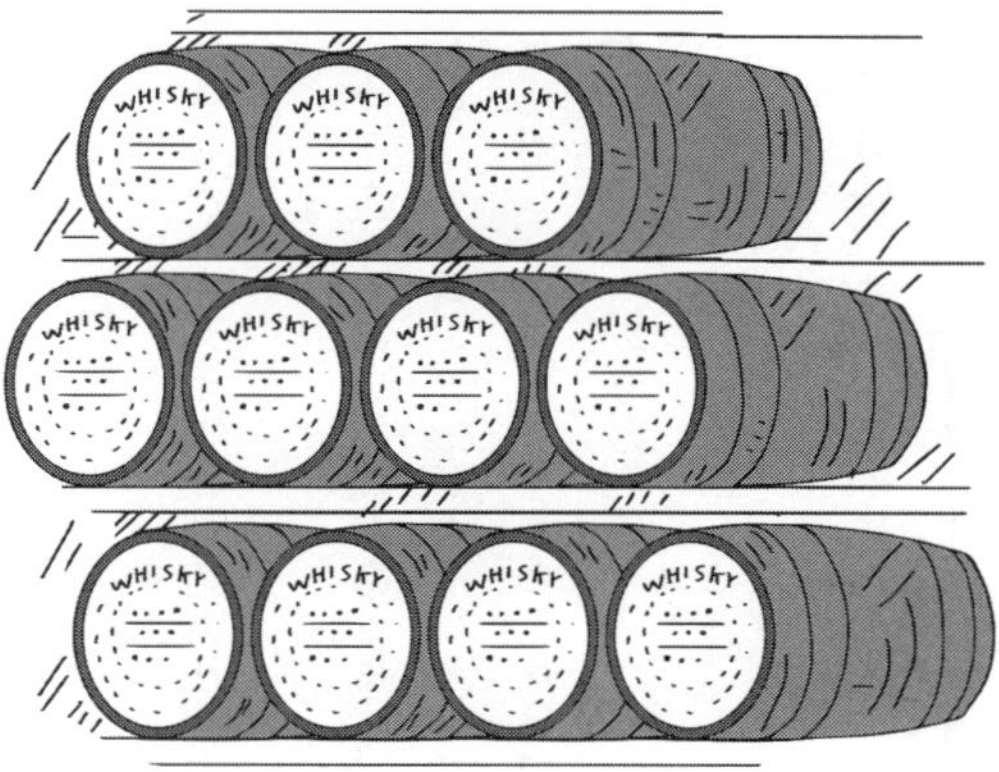

1　ウイスキーの材料と仕込み

日本やスコットランド、アイルランドを中心としたウイスキーの製造方法を図に示しました（次頁）。

ウイスキーにはモルトウイスキーとグレーンウイスキーの二種類があります。モルトウイスキーとグレーンウイスキーを組み合わせたものがブレンデッドウイスキーで、市販されているウイスキーの大部分を占めます。これに対し、モルトウイスキーだけで出来上がるウイスキーは世界的にも大変注目を集め、熱心なファンが多数存在します。

†ウイスキーの原料とその品質への寄与度

ウイスキーの主要原料であるモルトとは麦芽を意味します。実際には大麦やライ麦などを水に浸し発芽させ乾燥させたものが使われます。モルトウイスキーには麦芽と水と酵母しか使用することができません。

ワインではブドウの品種が非常に大きな意味を持ちますし、日本酒でも酒造好適米と称

モルトウイスキーの製造工程

原料（麦芽、水）

↓

仕込み

↓

発酵

↓

蒸溜

↓

貯蔵（熟成）

↓

ブレンド

し山田錦や五百万石、美山錦などがよく知られています。大麦にももちろん品種はあるのですが、一見日本酒ほどのこだわりはないように見えます。というよりも、大麦の品種は年々変化、進化しているというのが実状です。日本酒は発酵でお酒が完成するのに対し、ウイスキーは発酵後に蒸溜や貯蔵という工程を経てつくられるだけに、最終的なお酒の品質に対する原料の寄与度が低いのは間違いありません。

麦芽の品種は、いかに単位面積当たりの収穫量が多いか、また一トンの麦芽からどれだけのアルコールができるか、収率の向上を求めて改良が重ねられてきました。

私の先代のチーフブレンダーであった稲富孝一《いなとみこういち》さんによれば、一九〇〇年当時に比べると現在は一ヘクタール当たりの収穫量は二・五倍になっているそうです。また、麦芽一トン当たりのウイスキーの収量も三〇〇リットルから四一〇〜四二〇リットルまで向上しているということですから、農業技術の進歩は目覚ましいものです。

現在世界でよく用いられている麦芽の種類はコンチェルト（concerto）やプロピノ（propino）ですが、これも近い将来に新しい品種にとって代わられるものと思います。

†製麦という工程

現在のサントリー山崎蒸溜所。写真左方に二つ連なる建物が、かつて麦芽乾燥塔として使われていた場所

麦芽の品種以上に品質に影響するのがスモーキーフレーバーです。大麦を麦芽に加工する工程を製麦とよびます。製麦の工程では、大麦が発芽するのに必要な水分を供給し（浸麦）、新鮮な酸素を供給しながら発芽させた後、加熱して麦芽としての風味を付与するとともに成長を止めます。ここで約七〇℃程度に加熱しますがその熱源として、スコットランドではピート（泥炭または草炭）を燃やしていました。ピートの燻《いぶ》された香りが麦芽に付き、その香りはウイスキーにスモーキーフレーバーと呼ぶ燻製《くんせい》のような、時にはクレゾールのような香りをもたらします。現在では、熱源というよりフレーバーを付与するためにピートを燃やしており、その強度を示す指標

としてフェノール値が参考にされます。

この製麦という工程は、かつては山崎蒸溜所でも行われていました。スコットランドでも蒸溜所でフロアモルティングといって、床上に大麦を広げて発芽させて麦芽作りから行っていましたが、現在はラフロイグやボウモア、スプリングバンクなどごく一部の蒸溜所でしかその光景は見られません。それぞれの蒸溜所が独自のスペックを指定し、モルトスター（製麦専門業者）に麦芽製造を委託しています。蒸溜所の建物にはキルン（麦芽の乾燥塔）やパゴダ（キルンの屋根）と呼ばれる独特の形をした建物がありますが、蒸溜所のシンボルとして今もその姿をとどめています（前頁写真）。

モルトウイスキーもグレーンウイスキーも仕込み（糖化）、発酵、蒸溜、貯蔵という工程を経て出来上がりますが、使用される設備や製造条件は大分異なります。

†仕込み（糖化）

まずはモルトウイスキーの一般的な糖化工程について説明します。糖化槽（マッシュタン）と呼ばれるタンクの中に粉砕された麦芽と温水が入れられ六五℃程度に保持されると、麦芽の糖化酵素が働き澱粉が糖分に変換されていきます。粉砕した麦芽は殻（ハスク）の部分も含めて投入されますので、時間とともにタンク底部に沈んだハスクが層を作ります。その層を通して糖化された麦汁を濾《こ》しとります。この時の麦汁の濁り具合、清澄度《せいちょうど》は大変重要で、後のウイスキーの品質に大きな影響を及ぼします。

日本酒や焼酎では麹が糖化の主役になり、日本酒の場合、糖化と発酵が同時に行われます。また、大きな違いのひとつとして、ウイスキーでは殻も含めて麦芽の全てが使用されますが、日本酒の場合は精米という工程があり、米を磨きぬいて残った部分だけを使います。大吟醸酒と呼ばれる日本酒は精米歩合が五〇パーセント以下と定義され、米の中心部分だけを用いることになります。糖化、発酵の段階では水の品質がお酒の品質を大きく左右することは変わりません。しかし麦の殻や胚芽部分は蛋白質や脂質、ミネラルなど多様な栄養分を含みますので、磨き上げた米から作る日本酒とは水に求められるものが微妙に異なると思われます。

†ウイスキーと水の切っても切れない関係

ウイスキーの蒸溜所は日本もスコットランドも大部分は軟水が使われています。ヨーロッパというと硬水をイメージしますが、グレンモーレンジを代表とするごく一部の蒸溜所を除けば軟水が使われます。サントリーでいうと山崎蒸溜所は硬度約九〇ミリグラム毎リットル、白州蒸溜所は硬度約三〇ミリグラム毎リットルですが、スコットランドのほとんどの蒸溜所の水もこの範囲にあります。

水はお酒の品質を大きく左右するもので、蒸溜所には何本もの井戸がありますが、実際に醸造に使用できるものはひとつだけ、といえるほど微妙なものです。日本とスコットランドのウイスキーには味わいに大きな差がありますが、ミネラルバランス程度では表現できない水の違いがその差に現れているのでしょう。残念ながら現在の科学ではその謎は解明できていません。

サントリーが第二の蒸溜所建設の地として山梨県の白州を選んだ過程については、先輩技術者の方々からいろいろと伝え聞きました。ウイスキーづくりに最適な水の得られる地として白州が選ばれたことには間違いありません。しかし、理想の水が科学的に解明されていない以上、候補地の選定は実際に試験醸造して確認するしかないと聞きました。山崎蒸溜所の工場長であり、初代のチーフブレンダーでもあった大西為雄《おおにしためお》さん、後に白州蒸溜所の初代工場長となる嶋谷幸雄《しまたにゆきお》さんが、全国行脚し、名水のサンプリングを繰り返しては試験醸造し、白州の地にたどり着いたといいます。

いかに優れた水といっても、それが一〇〇年先、二〇〇年先も安定して得られなければ意味がありません。その点も白州は申し分ない理想の地でした。工場の後ろは名峰甲斐駒ヶ岳であり、南アルプス国立公園でもあります。南アルプスはじめ周辺の山々に降った雨や雪解け水が、細かく砕かれた花崗岩層を通して濾過され伏流水となって、白州に良質の水をもたらします。南アルプスは二〇一四年に、自然と人間社会の共生をめざしたユネスコの認定するエコパークに登録されました。また、企業側も「天然水の森」の整備といった環境保全活動を積極的に推進していますので、この豊かで良質な水は未来永劫保全されていくことでしょう。

†発酵――酵母と乳酸菌が仕事をする

麦汁に酵母が添加され室温で約三日間おかれると、アルコール度数七度程度の醪《もろみ》が得られます。この工程が発酵と呼ばれるものです。発酵の主役は酵母ですが、ミクロフローラと呼ばれる乳酸菌の働きも見逃せません。

ウイスキーで使用される酵母には、下面発酵酵母（ディスティラーズ・イースト）とエールビールの製造で用いられる上面発酵酵母（ブルワーズ・イースト）があります。現在では上面発酵酵母を使用している蒸溜所は限られてきましたが、ディスティラーズ・イーストとブルワーズ・イーストを併用することでより香味のリッチな醪となることが知られています。

スコッチ業界ではイギリスでつくられるエールビールの醸造場から出る余剰の酵母を利用するということが、かつては普通に行われてきました。これらはビール工場でプレスされ袋詰めされて納入されます。フレッシュで生きがよいといえる状態でありませんが、これは品質的にはむしろ好ましい結果をもたらしたともいえます。

酵母は栄養十分で居心地のよい環境にいるものよりも、飢餓状態にあってストレスのかかった状態の方が美味しい酒をつくるようなのです。生死の境にあるような、追い詰められた個体の方が子孫を残し生き残るために懸命に働き、結果として豊かな香りや味わいの酒を作ってくれるようです。良質なワインをつくるブドウが必ずしも肥沃《ひよく》な地で育ったものではないこととも似ています。

ウイスキーは二日もあればアルコール発酵そのものは終わってしまいます。麦汁中の分解可能な糖分を食べつくすと酵母は徐々に弱って死んでいきます。その頃から乳酸菌が活動を始めます。ウイスキーの発酵が終わった醪はビールと異なり、かなり酸っぱいものですが、この酸味こそウイスキーに不可欠な要素であり、乳酸菌の働きによるものです。どんな乳酸菌がどのように働くかでウイスキーの評価は変わります。乳酸菌は原料からももたらされるとは思いますが、必ずしも十分とはいえません。サントリーでは発酵タンクにステンレス製タンクも一部ありますが、主体は木桶と称する米松（ダグラスファー）で出来たタンクを用います（上写真）。

木桶の中で発酵が進む

一回発酵が終わるごとにタンクは洗浄殺菌されますが、木製のタンクなだけにステンレス製タンクのようには完璧な殺菌は行われません。木桶そのものに大切な乳酸菌も一部生き残っているのではないでしょうか。実際に乳酸菌の数を計っても木桶の方が多いのです。

最近のスコットランドは伝統的な木桶の使用からステンレスタンクに移行しつつあります。山崎も白州も一九八〇年代にステンレスタンクを敢えて木桶に戻すという設備投資を行いました。伝統的な製法には単に効率やコストでは評価できない何かがあるような気がします。

きれいに殺菌されたクリーンな環境で純粋な味わいを追求するのがビールとするならば、ウイスキーづくりは工程の揺らぎ、ばらつくことの価値も含めて、単なる管理では収まらない世界のものづくりといえそうです。

2 溜める・貯める・組み合わせる

†蒸溜——直火のチカラ

モルトウイスキーは銅製のポットスチルと呼ばれる独特の形をした釜で二回繰り返し蒸溜されます。一部に三回蒸溜するものもありますが、一般的に蒸溜を繰り返すほど香味は軽快となり複雑さが失われていく傾向にあります。一回目の蒸溜を初溜、二回目を再溜といい、二回の蒸溜を経て約七〇度近いアルコール度数のウイスキーが生まれます。これが生まれたてのウイスキーです。再溜は香味成分を全て回収するのではなく、発酵が終了した醪《もろみ》から好ましい部分だけを選択的に取り出し濃縮していきます。蒸溜液は前溜、中溜(本溜)、後溜と区分され、中溜区分のみが貯蔵工程に送られます。

蒸溜釜が銅でできているというのも大変重要なことです。酵母がつくり出す香りの中には極めて低濃度でも不快と思えるような化合物があります。イオウを含む化合物はその代表ですが、イオウ系化合物を取り除いてくれるのも銅の力です。

その一例としてDMS（ジメチルサルファイド）という成分があります。これはキャベツが腐ったような臭いとか生ゴミに似た臭いと表現されますが、銅製の釜で蒸溜することで七〇パーセントは除去されるといいます。ウイスキーの創成期には決してそのような銅のもつ力など考えてはいなかったことでしょう。むしろ材料としての入手しやすさや加工しやすさ、熱伝導がよいといったことから選ばれたのでしょうが、ウイスキーの香りのよさには欠かせない最善の選択でした。

蒸溜時の燃料には主として石炭が用いられましたが、時にはピートなども使われたようです。その後蒸気で加熱する方式が主流となっていきました。釜の中にパイプを通し、蒸気を流すという方式はコストや効率、操作の容易さ、火事などの危険も含めて当然の流れといえます。スコットランドでもいまだに直火加熱にこだわっている蒸溜所はごく一部となりました。山崎蒸溜所も創設当時は直火方式でしたが、後に白州も含めて全て蒸気加熱に換わりました。しかし、一九八〇年代から敢えて伝統的な直火方式に戻しました。

コストや効率に反してなぜ、昔の姿に戻したのでしょうか。どうも伝統的なやり方の方が、香味が複雑で豊かなウイスキーになるようなのです。もちろん、研究開発部門の長年の検討を経た結果でしたが、設備を戻して新たな原酒づくりを再開した後も、その効果をすぐに実感することは出来ませんでした。実際には何年も樽で熟成させた後に、直火釜の効果を思い知ることになります。蒸溜直後の香味成分の総量、複雑さこそが長期熟成に耐えるために必要不可欠な条件だったのです。

ところで、私たちは日常生活の中でも直火の美味しさ、素晴らしさを感じているのです。ご飯を炊くときに出来るおこげの香ばしさ、あの食欲をそそる香りは直火ならではのものでしょう。ウイスキーの蒸溜釜も直火加熱では釜底の温度が圧倒的に高くなります。蒸気の場合一二〇〜一三〇℃としたら直火は一二〇〇〜一三〇〇℃にもなります。当然、直火蒸溜ではご飯のおこげに相当するような香ばしい香りが付与されることになります。

設備投資の効果を一〇年後に思い知る、というのはいかにもウイスキーらしいことではないかと思います。

†貯蔵——熟成のピークを見極める

蒸溜後のウイスキーのアルコール度数は約七〇度ありますが、実際に樽で貯蔵する時には加水しアルコール度数を六〇度程度に調整します。

もともとはそのまま樽詰めしたと思われますが、六〇度近辺が最も熟成がよいことを経験的に見出したのでしょう。熟成には樽材の成分の抽出が深く関わりますが、最も効率よく抽出されるのが六〇度近辺です。樽材の成分の中でもポリフェノールはウイスキーの香味という面で非常に重要です。ポリフェノール類は、水にもアルコールにも溶けにくいという性質を持っているにもかかわらず、アルコール度数六〇度のウイスキー原酒には溶けているのですから驚かされます。エチルアルコールは興味深い性質をもっています。アルコールと水を混ぜると体積が収縮しますが、最も収縮率が高いのが六〇度付近です。また、四〇度付近のアルコールが最も粘度が高いことが知られています。これらは六〇度で貯蔵し、四〇度付近で瓶詰めすることと関係があるのかもしれません。

ウイスキーの熟成は使用する樽と貯蔵環境の影響を強く受けます。長く貯蔵すれば美味しいウイスキーができるというわけではなく、一樽一樽が熟成のピークをもっています。樽個々の熟成のピークを見極めながら、ベストの使い方をしてやるというのがブレンダーの仕事です。

熟成のスピードに深く関わるのが貯蔵環境です。貯蔵庫の中は天井に近い所、地面に近い所、また南側か北側かなど場所によって微妙に温度や湿度が異なります。一般的に温度は高い方が熟成のスピードは速くなります。また、湿度は熟成後のアルコール度数に大きく影響を及ぼします。たとえ同じ日に蒸溜して同じような樽に詰めたとしても、貯蔵場所が違うと熟成のピークが異なり、全く違う製品に使われるということが日常的に起こります。

一般的に樽は小型の方が熟成は速く進み、香味にも大きな影響を与えます。容量的には一八〇リットルから五〇〇リットル程度が多く用いられます。主要な樽にはバーレル、ホッグスヘッド、パンチョン、シェリーバットなどがありますが（次頁写真）、大きさだけでなく原料となる木材の種類で品質は全く異なります。最も多く使用されるのが北米産のホワイトオークです。ただし、ホワイトオークはブナ科の落葉性広葉樹で比較的木肌の白いオーク類の総称であり、植物的には数種類の樹種が混ざっており、木材としての性質はばらついているのが実状です。

それに次いでシェリー樽の原材料としてスペイン産のコモンオークが使われます。シェリー樽用には通常はホワイトオークが使用されますが、ウイスキー用のシェリー樽として

貯蔵に使うさまざまな樽

はスペイン産の木材が多く使用されます。また、日本ではミズナラの樽が古くから使われており、その個性的な香味は海外にも広く知られることとなりました。最近ではワインの貯蔵に用いられるフランス産のセシルオークの樽も使われており、様々な樽の生み出す個性を楽しめるようになってきました。樽の世界では今も各メーカーが新たなチャレンジをしているようで、これからどんな製品が登場するか楽しみは尽きません。謎の多いウイスキーの熟成に関しては、かつて私の上司であった古賀邦正《こがくにまさ》さんの『ウイスキーの科学』（講談社ブルーバックス、二〇〇九年）に細かく解説されていますので、興味ある方には一読をお勧めします。

†ブレンド――ウイスキーの個性を創造する

熟成後の樽を数種類、数十種類と組み合わせて新しい個性、美味しさを創造するのがブレンドです。もちろん、それぞれのブランドごとの品質のばらつきを一定の範囲に収めるのもブレンドの重要な役割です。

かつてはモルトウイスキー同士、グレーンウイスキー同士を組み合わせることはヴァッティングと呼んでいました。モルトウイスキーとグレーンウイスキーは品質的には大きく異なり、個性豊かなモルトウイスキーに対し、香りが穏やかでマイルド、味わいの柔らかなグレーンウイスキーと差別化できます。モルトウイスキーのもつ強い個性を適度にやわらげ、マイルドでより飲みやすくするのがブレンドともいえます。

熟成後のウイスキー原酒は穀物の香りの豊かなタイプ、様々な果実や花の香りが際立ったタイプ、燻製の香りの強烈なタイプ、などさまざまですが、これをガスクロマトグラフという香りを分析する装置にかけても、意外と検出される成分には差がありません。個々の成分のバランスの違いで香味の個性が生まれます。この点では異質なものを組み合わせる香水や香料などの調香とは違うといってよさそうです。

このブレンドレシピを決めるのがブレンダーです。本来ワインと同じように年ごと、ブレンドのロットごとに品質は異なるのですが、レシピを微修正することで同一ブランド間の香味のばらつきを最小限にとどめています。

様々な個性が融合するブレンドは不思議に満ちています。第五章ではさらに詳しくブレンドについてふれたいと思います。

3　仕上げの工程

†後熟――ブレンド後の重要工程

ブレンド後のウイスキーはすぐに瓶詰めされるのではなく、一旦タンクや樽などに詰めなおし、一定期間保管されます。これを後熟と呼んでいますが、この工程に関してはメーカーによって考え方は大分異なるようです。私の経験では、後熟は非常に重要な意味を持っていると考えています。アルコール度数も成分も様々に異なるウイスキー原酒を組み合わせるのですが、簡単に均一な状態にはならないようです。ブレンド直後には個性的な香りはばらばらに感じられ、突出した個性を感じますが、時間をかけることで香り立ちは落ち着き一体感が強く感じられるようになります。またウイスキーの成分の中にはアルコールに溶けにくい成分も多く存在しますが、これらが時間をかけることで安定した状態に移行していきます。

その期間は短いものでは数日、長いものでは約半年もの期間が必要と考えています。そのために用いる容器はブレンドされた製品によって意図的に樽やタンクを使い分けることになります。

†濾過――濁りの中にこそある味わい

後熟が終わり、瓶詰めする直前に製品の濾過《ろか》を行います。製品が低温下で保管された場合などに、濁りや浮遊物が生じるのを未然に防ぐために行う濾過で、冷却濾過（チル・フィルトレーション）と呼ばれる工程があります。本来これら濁り成分もウイスキーの重要な香味成分であり、除去は最小限にとどめたいものです。そのため製品の中には四〇～四三度という通常のアルコール度数と異なり、四六、四七度以上あるような製品が多く存在します。これらは出来るだけ豊かな香味成分のままウイスキーを楽しんでいただきたいと思う、つくり手の想いを反映したものでもあります。お客様としては透明度が高く、琥珀色の美しい、テリの良いウイスキーを好まれるのは当然のことでしょうが、つくり手の一人としては、濁りの中にこそ厚みのある香りや味わいが満ちているということを知っていただけたらと思うばかりです。

†グレーンウイスキーの製造工程

モルトウイスキーが麦芽を原料とするのに対し、トウモロコシや小麦など発芽していない穀類を主な原料としてつくられるウイスキーをグレーンウイスキーと呼びます。モルトウイスキーが複雑で多彩な香味をもっているのに対し、グレーンウイスキーはよりクリーンで軽快な味わいが特徴です。ウイスキーの味わい、魅力の決め手となるのはモルトウイスキーですが、高品質のブレンデッドウイスキーには良質のグレーンウイスキーが欠かせません。ブレンドにとって極めて重要なグレーンウイスキーですが、おだやかな性質のためかシングルモルトほど注目度が高くないのはブレンダーとしては残念な限りです。

糖化、発酵、蒸溜、貯蔵という工程を経てつくられるという点では、グレーンウイスキーもモルトウイスキーと何ら変わりはありませんが、細部を見ると何点か大きな違いがあります。未発芽の穀類は澱粉の糖化力を持っていませんので、麦芽が同時に使われます。また、酵素がしっかり働き、発酵がスムーズに進むためには、細かく粉砕した穀物をお粥《かゆ》状にしてやる必要があり、このための工程を蒸煮《じょうしゃ》と呼びます。この工程には高温での加熱が必要で、大量のエネルギーを消費します。一九八〇年、サントリーでは酵素力を活用し、全く蒸煮しないで糖化を行うという画期的な製法が開発されました。今は使われていませんが、日本の技術の高さを示すものでしょう。

原料にトウモロコシを使用するというとバーボンウイスキーがすぐに思い起こされます。グレーンウイスキーと大きく異なるのは蒸溜です。バーボンウイスキーは、蒸溜して得られるウイスキーのアルコール度数を八〇度以下と定めています。これに対しグレーンウイスキーは一般に九四度程度まで蒸溜しますので、得られるウイスキーはより純粋なアルコールに近く、クリーンでニュートラルなものとなります。とはいっても、フーゼルアルコールと呼ばれるアルコール類をしっかり含んでいます。味わいの豊かさ、厚みが特徴のお酒といえるでしょう。

グレーンウイスキーがモルトウイスキーの強い個性、主張をやわらげながら飲みやすさ、美味さを提供してくれるという所以《ゆえん》はまさにここにあります。モルトに様々な個性があるように、グレーンウイスキーにも香味の総量の違いにより、ライト、ミディアム、ヘビーといったタイプの違いがあります。

ブレンデッドウイスキーで年数表記するためには当然グレーンウイスキーも同様の貯蔵年数が必要となります。穏やかな性質ゆえにグレーンウイスキーは樽の影響を受けやすく、長期の樽貯蔵が難しいといえます。良質な樽とともに熟成期間中の入念な貯蔵管理が必要なのはいうまでもありません。シングルモルトに四〇年、五〇年といったものまで存在するのに、グレーンウイスキーを使用するブレンデッドウイスキーに三〇年を超えるものが少ないのもそのためでしょう。

†アメリカやカナダのウイスキー

スコッチやアイルランド、日本のウイスキーの製造方法はアメリカ、カナダのそれとはいくつかの点で違いがあります。アメリカのウイスキーはトウモロコシやライ麦、小麦などを主原料としますが、原料が五一パーセント以上であればそれぞれバーボンウイスキー、ライウイスキー、ウィート（ホイート）ウイスキーと呼ばれます。特にトウモロコシが八〇パーセント以上使用されるとコーンウイスキーとなります。また、それらがブレンドされない場合は、ストレートウイスキーとよばれ、ストレートコーン、ストレートバーボンという表記になります。

いずれにしても製造工程の糖化、発酵、蒸溜、貯蔵工程という流れは全く変わりません。その中で、アメリカやカナダのウイスキーづくりのひとつの特徴は連続式蒸溜器の使用です。スコッチタイプのウイスキー製造のほとんどがポットスチルの二回蒸溜であるのに対し、一回目の蒸溜に連続蒸溜器が用いられます。これはバーボンではビアスチルと呼ばれ、五五〜六〇度のアルコール度数の蒸溜液が得られます。その後ダブラー（バーボン業界で使われている蒸溜器）、あるいはサンパーと呼ばれるポットスチルに似た蒸溜器で蒸溜され、八〇度以下の蒸溜液が得られます。

二〇一七年、アメリカで製造されたウイスキー四六四〇万八〇〇〇ケースの内、テネシーウイスキーとバーボンウイスキーで八四パーセントを占めています。バーボンは新樽で二年以上貯蔵すると定められており、内面を強く焼いた樽を使用するということもあいまってバニラ香を中心とした樽香が強く、穀物様の香りが特徴といえます。

バーボンは主にケンタッキー州でつくられますが、ケンタッキー州にはテネシーウイスキーと呼ばれるウイスキーもあります。製法的にはバーボンと同様ですが、サトウカエデの炭で濾過（チャコールメローイング）することが有名で、バーボンウイスキーとは区別してテネシーウイスキーと呼ばれています。

カナダのウイスキーづくりはアメリカの禁酒法時代に大きく発展しました。連続式蒸溜器を使用するという点ではアメリカと同様ですが、古樽も使用され、三年以上の貯蔵が義務付けられています。

ライ麦やトウモロコシ、大麦麦芽を原料とし、連続式蒸溜器とダブラーを使用したフレーバリングウイスキーと、トウモロコシを原料として連続蒸溜器でアルコール度数が九五度以下となるように蒸溜したベースウイスキーがつくられます。ブレンドでは九・〇九パーセント以下の範囲で、ワインやスピリッツなど他の酒類の添加も認められています。製品にはそれらをブレンドした香味の軽快でまろやかなタイプのものが多くみられます。

第三章

日本人とウイスキー

1　ウイスキーは生き物だ

†需要と供給の難しい関係

現在、日本のウイスキーは世界から注目される存在になり、一二年ものとか、一八年ものとかいった年数表示のある製品は大変品薄な状態になってしまいました。かつての日本人は海外旅行や海外出張の帰途、免税店で三本のウイスキーやブランデーを買うというのがごく普通の姿でした。今では日本に来た外国人が逆に日本のウイスキーを買って帰るという時代になりました。私のいる山崎蒸溜所にしても見学に来られるお客様の約三割は外国人という状況なのです。

ウイスキーが他のお酒と圧倒的に異なるのは、原料である穀物の栽培に要した時間を除いたとしても、仕込みから完成まで一〇年、二〇年、時には三〇年以上という長い時間がかかることです。一〇年前に今日のウイスキーブームが予測できていたら、もっと沢山原酒を仕込んでいたのに、と悔やまれますが、変化の激しい現代で、一〇年後の確かな予測など不可能といってよいでしょう。

もっともウイスキーメーカーは一〇年近い原酒は常に保有しているものです。今蒸溜を停止したとしても一〇年近く製品を供給できるのです。しかし、無理をして市場の要求に合わせて製品を供給してしまうと、数年後には製品の品質に破綻をきたすことになりかねません。品質を最優先に考えると、時には出荷制限まで行うことになります。一二年ものの製品は一二年以上待たないと出来ないのです。

蒸溜所で麦汁をつくる仕込み工程から、発酵、蒸溜までの期間は、圧縮したら一週間程度で終えることができるでしょう。しかし、それから樽による貯蔵熟成工程に入ると十年単位の時間がかかります。

蒸溜までの工程は科学的なアプローチによってある程度予測やコントロールが可能になりました。しかし、熟成に関してはまだまだ未知な部分が多く、つくり手が熟成の過程をできるだけ丹念に見守ることで、最高のウイスキーに仕上げることができる、というのが現状です。思うような熟成の進行が見られなければ、時には貯蔵場所を移動したり、樽を入れ替えたり、といったことまでもが必要となります。

蒸溜のロットが同じウイスキーでも使われ方は全く違ったりする、これがウイスキーです。大変手のかかる仕事で、つくり手はいわば〝過保護な親〟といったところでしょうか。人間社会では過保護な親は問題かもしれませんが、ウイスキーに関しては手をかけてやった方がよさそうです。もちろん無制限というわけにはいきませんが。手を抜けば抜いた分だけ品質は微妙に低下していくのは間違いないでしょう。品質は上がったことは気づきにくいものですが、下がったときはよく分かる、そんな気がします。

製品になるまで十年もかかるというと、現在のような変化の激しい時代にどうやって対応していくのか、と思われることでしょう。お酒に対する嗜好は一般的な製品に比べると保守的で、特にワインやウイスキーは伝統的な製法や品質が重視される傾向にあります。しかし、実際には新たな提案や絶えざる品質のブラッシュアップがなければ、持続的な成長は望めません。ウイスキーの分野でも常に新しい試みがなされています。既存製品はその品質の維持を大前提としますが、同時に全く新しい価値を持った製品を世に出そうとすると、数年前、十年以上前からその準備をしておかなければなりません。

いつ、どんな製品になるかは分からないけれど、新たな原酒を仕込む、しかも毎年つくり続けなければ意味がない、これがウイスキーです。まことにリスクの高い事業だということがご理解いただけるでしょう。

†将来を見越したものづくりの難しさ

ここで私の新製品開発の経験をご紹介しましょう。『響12年』というウイスキーがありました。残念ですが終売になってしまいましたので過去形です。フルーティな香りが特徴のウイスキーでした。私のブレンダーとしての仕事の中でも、初めて海外のウイスキーファンに向けた中味開発でした。日本の一二年ものブレンデッドウイスキーの代表的製品にしたい、という思いでつくったのが『響12年』でした。

これまで新製品は基本的に日本のお客様をターゲットにして設計していました。水割りやハイボールがうまい、これを常に念頭においた中味づくりといえます。海外向けということは、ストレートで飲まれる機会が多いであろうと予想されますので、味づくりのアプローチは当然変わってきます。

日本を代表するブレンデッドということで、日本の強みである熟成感の高さをアピールする製品にしたいと思いました。そして、熟成感の高さを象徴するものとして、スコッチのどの一二年ものと比較しても圧倒的なフルーティな香り、を目指したウイスキーづくりでした。その時使用した原酒の中で、香味の決め手となったのが梅酒の貯蔵に使っていた樽で寝かした原酒でした。同じような樽にシェリー樽があります。これはスペインでシェリー酒を熟成させた樽にウイスキーを詰めたものです。ブレンドには欠かせない重要な存在です。しかし、日本らしさを表現するには別のアプローチをとりたいと思いました。今こそ梅酒樽で寝かした原酒を使うしかないとすぐに思ったのです。

そもそもこの樽は将来何の製品に使われるかなど全く分からない中でつくり続けた、〝やってみなはれ〟精神の賜物でした。日本には古くから梅酒というリキュールがあります。その梅酒を樽で熟成させた後に、ウイスキーを寝かしたら、シェリー樽原酒とは全く異なる日本オリジナルの原酒が出来るはず、そんな想いからつくり始めた原酒でした。

実際には、何年も梅酒を寝かした後、ウイスキーの一二年以上のものを詰めて、二年経つと、スコッチにはないフレッシュで甘さと軽い酸味をもった魅力的な原酒に育っていたのです。結局五年間、将来どうなるか分からないままつくり続けていた原酒でした。このように出番を待ち続けている原酒をどれだけ準備できるか、これがメーカーの提案力、底力ということでしょう。前述の樽の中で熟成させた梅酒は「焙煎樽貯蔵梅酒」として発売され、お客様には好評をいただいているようで、ブレンダーとしては安堵の胸をなでおろしたものです。

これは、新しい蒸溜釜の導入といった品質向上のための設備投資にもいえます。従来とは大きく製造方法が変わるような技術革新や設備改造も、その成果が製品に表れるのは一〇年先、二〇年先ということになります。現在の市場の動向にかかわらず、必要な投資をすることで、持続的な品質向上が可能となります。

さすがにこうした決断は経済合理性を重視した意思決定システムの中では実現しにくいものです。マスターブレンダーはオーナーが継承するというオーナー企業の強みなのでしょう。常に一〇年先、二〇年先をみて考動する、これがウイスキービジネスといえます。

日本のウイスキー市場が上昇に転じたのは二〇〇七、二〇〇八年頃でした。まだダウントレンドの下げ止まりなど全く予測できなかった二〇〇五〜二〇〇六年に、サントリーでは蒸溜釜の半分を入れ替えるという設備投資を行いました。この段階で新たな設備投資をしてもその効果が山崎12年に及ぶのは二〇二〇年近いことになってしまうのですから、需要の増加が見通せない中での投資はなかなか決断できるものではないと思います。サントリーのように品質の最高責任者であるマスターブレンダーがオーナーであることは、スコッチの大手では珍しく、ありがたいことだと感じたものです。

2　ジャパニーズウイスキー誕生

†江戸時代にウイスキーに触れた日本人

日本のウイスキーづくりの歴史はまだ一〇〇年に満たないものですが、品質的には世界最高クラスの評価を受けています。その発展の歴史は他の国々とは大分異なります。日本人で最初にウイスキーを飲んだのは一八五三年にペリーが浦賀にやってきた際の浦賀の奉行だといわれています。日本で本格ウイスキーの製造が始まる七〇年ほど前のことでした。スコットランドでは熟成年数の異なるウイスキーの混和が認められるという、後のブレンド解禁にもつながる重要な年でした。

日本でウイスキーづくりが始まる以前に、ウイスキーと深い関わりを持った人がいました。それが高峰譲吉《たかみねじょうきち》です。高峰譲吉は一八五四年富山の漢方医の長男として生まれました。ウイスキーとはゆかりの深いグラスゴー大学に留学の経験もあります。消化薬であるタカジアスターゼの発明やアドレナリンの研究などは皆さんご存知のことでしょう。彼は麦芽の酵素よりもより強い糖化力をもった麹《こうじ》の酵素をウイスキーづくりに応用しようと、一八九〇年にアメリカに渡りました。この画期的な醸造法は当然既存の麦芽製造業者の激しい反対にあいますが、「バンザイ」というウイスキーを販売するところまで漕ぎ着けました。残念ながら今日まで引き継がれることはありませんでしたが、もしアメリカのバーボンウイスキーに麹が使用されていたら、世界のウイスキー製造技術は大きく変わっていたかもしれません。

†国産ウイスキーの誕生

ビールやワインもウイスキーと同様明治以降に日本でもつくられるようになりました。ビールは一八六九年ドイツ人のウィーガントが横浜山手にジャパン・ブルワリーを創設したのが始まりといわれています。ワインも一八七〇年には甲府で山田《やまだ》宥教《ひろのり》と詫間《たくま》憲久《のりひさ》の手によってつくられたといわれています。殖産興業政策を打ち出した明治新政府は、ビールやワインづくりを奨励し、産業化を支援しましたが、これは日本の民度の高さをアピールする上でも重要なことだったのでしょう。

産業化という面では官の力が大きく働いたのに対し、ウイスキーの産業化は大阪の一民間人の、日本人の手で日本人の味覚にあったウイスキーをつくりたいという、熱い想いによって実現しました。それが現サントリー・ホールディングス株式会社の創業者であった鳥井信治郎でした。一八九九年弱冠二十歳で鳥井商店を興し、『赤玉ポートワイン』の大成功によってようやく念願のウイスキー事業参入を果たしたのが一九二三年のことでした。当時、スコットランドの地以外ではスコッチタイプのウイスキーは出来ないとされる中、この信治郎の夢を技術者として支えたのが、単身スコットランドでウイスキーづくりを学んだ竹鶴政孝（現ニッカウヰスキー株式会社の創業者）でした。

日本が本格的にウイスキーをつくり始める以前は、主に日本に居住する外国人のため商社によるスコッチの輸入が始まっていました。信治郎が独立し、ぶどう酒の製造販売を目指した一八九九年には二〇四石（三六・七二キロリットル）のウイスキーが輸入されていたようです。信治郎のウイスキー事業参入への想いは、当時の輸入品全般に見られた国産化への流れも受けて、自らの手でスコッチウイスキーに比肩するものをつくることでした。それはスコッチの輸入に貴重な外貨が流出することを防ぐにとどまらず、積極的に海外に輸出することで日本経済にも貢献しようという高い志にあふれたものでした。第一号ウイスキーは一九二九年発売の『白札』ですが、一九三四年にはアメリカに向けて輸出をしています。

信治郎はスコットランドから技術者を迎えてのウイスキーづくりを目指していました。結果としては竹鶴の力を借りることになりましたが、日本人のみの力で製造を立ち上げたことはよかったのではないでしょうか。とはいえ、二人が追い求めた理想のウイスキーは完全に同じというわけではなかったようです。日本人の手で日本人の繊細な嗜好にあうウイスキーをつくろうとした鳥井信治郎と、スコッチウイスキーを理想の姿として追求した竹鶴政孝はやがてそれぞれの道を歩むことになります。ウイスキーを楽しむ側としてみれば、明らかにテイストの異なるまた別のウイスキーが誕生したのですから幸いといえるのではないでしょうか。

†鳥井信治郎を行動させた逆境

前の章でお話ししたように、ウイスキーには貯蔵熟成という工程が不可欠ですので、第一号製品の誕生までには少なくとも数年が必要であり、その間はひたすら原酒の蓄積を行うばかり、そのためには多額の運転資金が必要となります。赤玉ポートワインというヒット商品を持つとはいえ、大変厳しい事業であったことは間違いありません。また、この売り上げのない期間を持ちこたえることができたとしても、日本人のつくったウイスキーを受け入れるマーケットがあるかどうかは分からないのですから、極めてリスクの高い事業で、当時信治郎の周囲は一〇〇人が一〇〇人ともこの新規事業に反対したといわれるのもうなずけます。

加えて、酒づくりは酒税法という法律のもとで行われますが、当時の法律は日本で本格的なウイスキーをつくれるようにはなっていませんでした。ひとつはウイスキーの味づくりにとって欠かせないブレンドという行為が認められていないことでした。これは当時の法律が、主に日本酒や焼酎を製造することを前提にしたものであったからでしょう。

信治郎はブレンドを認めてもらうために、大蔵省主税局長に対して請願書を出します。その内容はなかなか興味あるものです。スコットランドの名品である『ジョニーウォーカー』や『ブラック&ホワイト』を例に上げ、これらは四カ所の工場のウイスキーのブレンドによるもので、このブレンドなくしては絶対に優秀な製品をつくることはできないと訴えたのでした。請願書の日付は大正一五年となっていますので、既に原酒づくりは始まっていますが、ブレンドで製品をつくることは出来なかったことになります。最終的にブレンドが認められたのは昭和三年で、翌昭和四年の第一号製品『白札』誕生となります。

また、当時の法律は造石税といわれるもので、製成された段階でその数量に基づいて課税されていきます。日本酒ならそれでよいのでしょうが、ウイスキーはその後長い貯蔵期間があり、その間、原酒は毎年数パーセントずつ蒸発していきます。この蒸発は「天使の分け前」といわれるもので、熟成とは切っても切れない関係にあります（「天使の分け前」については第五章でもお話しします）。美味しいウイスキーをつくるのに不可欠な天使の分け前ですが、これも課税の対象となったのでした。

日本酒なら問題ないといってしまいましたが、これは言い過ぎかもしれません。かつては日本酒も古酒の製造が盛んであったにもかかわらず、それが衰退していく運命をたどったのはこの法律の影響だと伺ったことがあります。

当然、現在のような工場から製品として出荷される段階で課税される、庫出税の適用を信治郎は嘆願しました。技術的な困難さは当然のことながら、事業化するためには乗り越えなければならない障害はあまりに多かったといえるでしょう。

スコットランドのウイスキーづくりは記録という点では不詳ながらも一一～一二世紀には始まっていたといわれるのに対し、日本におけるウイスキーの歴史は一〇〇年にも満たないということになります。ここでスコッチの歴史も改めて見直してみましょう。

スコットランドのウイスキーに対する課税は一六四四年に遡ることになります。スコットランドとイングランドとの併合の後、一七一三年に課税は一層強化されました。当然のように税金を逃れて密造が行われるようになり、その一つの手段として樽に貯蔵して山中に隠したことが始まりといわれます。

現在のウイスキーの大部分を占めるモルトウイスキーとグレーンウイスキーをブレンドしたものもウイスキーである、と認められるのは一九〇九年のことでした。さらに、今日のスコッチの定義である三年貯蔵が義務づけられたのは、一九一六年のことです。日本のウイスキーの歴史は一九二九年発売『白札』のブレンデッドウイスキーから始まりますが、スコッチのブレンデッドの歴史が一九一六年からと考えると、あながち日本の歴史も短いともいえないのではないでしょうか。

3　ウイスキーの文化史

†『白札』『角瓶』。戦禍を越えて『オールド』『トリスウイスキー』

苦労の末ようやく発売に至った『白札』ですが、当時の日本人にはなかなか受け入れがたかったようです。本格的なスコッチの製造方法を忠実に再現しようとしたこともあり、最初のウイスキーは当然スモーキーフレーバーの強いものであったと思われます。日本人の嗜好に合うという意味では、一九三七年の『角瓶』の登場を待つことになりますが、そこに至るまでのブレンダーとしての信治郎の苦闘は想像に難くありません。

『白札』発売当時の広告

ブレンダーとして感じることですが、スモーキーフレーバーの強いウイスキー原酒は、酒自体が若い時は極めて個性的で力強くとんがった主張をもったウイスキーですが、それは年とともに大きく変化し、やや重たい感じのフルーティさが増していき、力強さと華やかさが独特のバランスをつくりあげます。やはり、ブレンドの技と熟成の神秘とが相まって、ウイスキーが日本人の感性に受け入れられていったのではないでしょうか。

角瓶の成功により国産ウイスキーが根付いて

いくことになりますが、ここで日本は戦争を迎えます。幸いであったのは、戦争中、山崎蒸溜所に貯蔵されていた樽が戦禍を免れたことでした。生き残った原酒をもとに当時の最高級ウイスキーである『オールド』が一九五〇年に発売されます。その前には、一九四六年には『トリスウイスキー』が発売され、ウイスキーの大衆化が進むことになります。一九五〇年には東京・池袋にトリスバーの一号店が誕生します。これでウイスキーをハイボールで楽しむという文化が生まれ、人々は一杯五〇円のハイボールを求めてバーを目指したといわれます。

（上）『角瓶』、（下）『オールド』、それぞれ発売当時の製品（掲載の都合上、一部画像処理を施している）

†洋酒文化の開花時代

ハイボールから水割りへ、時の流れとともにウイスキーを楽しめる様々な店が登場することになります。ここには市場拡大を目指すメーカーの積極的な活動がありました。日本ならではの業態という点では、一九六〇年代頃からのスナックの誕生と隆盛はウイスキーの発展に欠かせない出来事といえるでしょう。谷口功一《たにぐちこういち》首都大学東京教授らの「スナック研究会」によると、二〇一五年時点でスナックの数は日本全体で約十万軒といわれます。スナックでカラオケを楽しみながらボトルキープしたウイスキーを飲むというスタイルが日常の風景となっていきました。

ウイスキーを飲むことの格好良さ、お洒落といったイメージは、当時の宣伝広告の質の高さによってもたらされたといってよいでしょう。当時のサントリー宣伝部には開高健《かいこうたけし》、山口瞳《やまぐちひとみ》、柳原良平《やなぎはらりょうへい》をはじめ多彩な人物が活躍し、今も残る名コピー、宣伝物などを生み出しました。一九六一年『トリスウイスキー』広告の開高健による『「人間」らしくやりたいナ』というコピーを記憶する人は年配の皆さんの中には多くいることと思います（次頁）。メーカーの提供する広報誌やテレビＣＭは今も記憶の中に生きています。

昭和36（1961）年のトリスウイスキー広告

日本は戦後一九五五年から一九七三年まで年平均一〇パーセント前後の高い経済成長を見せました。この高度経済成長時代はウイスキーにとっても高度成長の時代でした。日本独自といってもよい洋酒文化、バー文化が生まれます。

私は一九四九年生まれ、いわゆる団塊の世代です。この世代の人間でしたら『レッド』や『ホワイト』に始まり、年齢や社会的な地位とともにより高級なウイスキーに移行していく、という経験の持ち主でしょう。課長になったら『オールド』は平均的日本人のごく当たり前の願望でした。ブレンダーとして過去のレシピを眺めていて思うのは、低価格の製品からより高級な製品へと上級移行するたびに、さすが高級な製品は美味しい、と実感できるようなレシピになっていることでした。製品ごとの個性はもちろん大事ではありますが、高級品は美味しいと感じてもらうことこそ、お客様の信頼と安心を獲得するのに不可欠であったのは間違いありません。

†水割り、食中酒という独自性で消費のピークへ

一九八〇年代の前半に日本のウイスキー産業はピークを迎えます。当時日本のウイスキー類は国税庁の課税移出数量によれば四五〇〇万ダースに達します。『サントリーオールド』一品目だけでも一二〇〇万ダースに達したという時代です。この数字は国別のウイスキー消費量でみるとアメリカに次ぐ世界第二位であり、日本は一大消費国だったのでした。

全くの異文化を原点としていたウイスキーが日本で産業として定着していく過程では、いくつか特筆すべきことがありました。それは水割りという飲み方が誕生したことであり、ウイスキーを何か食べながら楽しむ、という独自のウイスキー文化が形成されたことです。

一九六〇年まではストレートやオン・ザ・ロックスもあったでしょうが、ハイボールという飲み方が海外も含めて好まれていたようです。それが徐々に日本では水割りに代わっていきます。

日本ならではの水割りというスタイルは日本の水が軟水主体で、クリーンで美味かったことが大きかったのでしょう。ヨーロッパのミネラルウォーターの中でも、硬度の高いものはやや味わいに変化を与え、特に後味の苦味が強調される傾向にあります。程よい硬度でクリーンな日本の水は水割りには最適だったのです。

アルコールの分解酵素を持たない人の割合が多く、高度数のお酒をそのまま飲むことの少ない日本人には極めてふさわしい飲み方だったのでしょう。私が子供の頃は、酒飲みといえば食べ物は余り口にせず、極端に言えば塩だけで飲んでこそ、というような風潮が残っていたと思います。健康面への配慮も含めて、食べながら飲むというスタイルが定着していく中、水割りも完全に受け入れられることになります。ブレンダーは当然水割りにした時の美味さを意識して中味設計をしていきますので、どんどん独自の進化を遂げていくことになります。水割り文化とともにウイスキーを食中酒に昇華させた、これが日本でした。

4　失われた二五年とハイボール革命

†失われた二五年――ダウントレンドの時代

日本のウイスキー市場のピークが一九八〇年代前半といいました。当時の日本ではウイスキーには高い酒税がかけられており、現在希望小売価格一五九〇円（消費税抜き）で売られている『角瓶』は、当時二五〇〇円で売られていました（次頁グラフ参照）。当時はウイスキーには特級、一級、二級の区別があり、特級の角瓶には一〇一七円もの税金がかけられていました。三十数年前の品質と価格を考えると、現在の私たちは本当に幸福です。

税金の高さだけが原因ではないかも知れませんが、ウイスキーは焼酎に市場シェアを奪われていきます。焼酎といっても当初は連続式蒸溜でつくられるいわゆる甲類焼酎といわれるものが主流で、現在多くのファンを持つ芋焼酎や麦、米などの風味豊かな乙類焼酎に人気は移り変わっていきます。その間ウイスキーは約二五年間ダウントレンドの中におかれました。

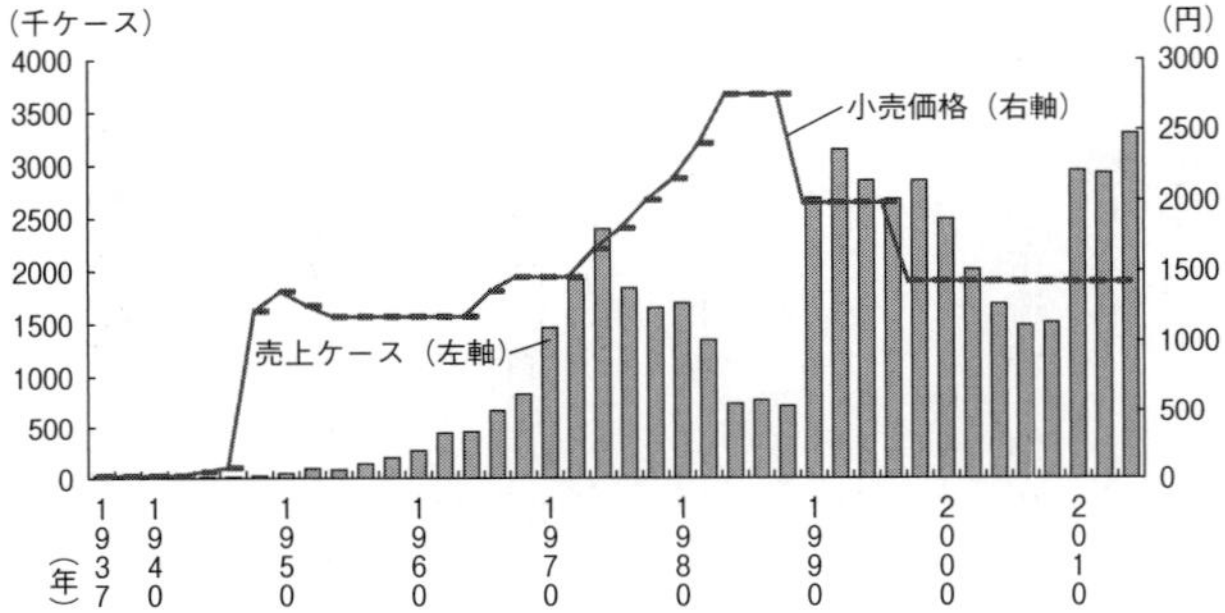

『角瓶』の売上ケース数と小売価格の変遷（年別）

私はブレンダーとして一九九一年から活動を始めました。かつてウイスキーを飲んでくださっていたお客様にもう一度ウイスキーに戻っていただくため、様々な製品開発に関わりましたが、なかなか焼酎の牙城を崩すことはできませんでした。本音を言えば、単に従来にない新しい味わいの製品を提案するといった程度では市場の流れを変えることは叶わない、と思っていました。お客様にとってウイスキーのある生活の楽しさ、魅力的なライフスタイルの提案こそが必要です。これは人々の価値観を変えることですからとてつもなく難しい課題であったことはいうまでもありません。

新製品を出しても直ぐに市場から消えていくという時代が続きました。ウイスキーはその魅力を語ってこその商品ですが、コンビニやスーパーのように製品を語ることのない売り場ではすぐに消えていく運命にありました。

私の仕事の中で今も深く記憶に残るものに『膳』というウイスキーがあります。従来のウイスキーとは全く異なる味わい、製法によるもので、それまでの中味設計の考え方を根本的に変えるものでもありました。連続式蒸溜器でつくったモルト原酒や杉樽原酒の使用、竹炭濾過製法などを駆使した一二〇〇円のピュアモルトウイスキーという超ハイスペックな製品でした。

社内のさまざまな議論を経て大変な難産の末生まれたのが『膳』でした。サントリーのこれまでのウイスキーには全くなかったテイストで、食に合うというコンセプトのウイスキーは印象的なテレビCMの効果もあり、当初は久々のヒットといえる商品となりました。さすがに一二〇〇円のモルトウイスキーという頑張ったスペックでしたが、残念ながら終売となってしまいました。この前後では多彩な個性のウイスキーを提案していきますが、ウイスキーの世界で単なる目新しさだけでは不十分であることを思い知らされました。

†ウイスキー復活の兆し

従来とは違う香味をもった新製品の投入が思い通りの効果をもたらさず、ダウントレンドからの脱出に苦しむ中、ウイスキー本来の価値に注目しようという流れが強まりました。サントリーでもウイスキーならではの熟成やブレンドの魅力を伝える活動を強めます。二〇〇〇年代に入って、市場は数量的にはダウントレンドを続けるものの、シングルモルトウイスキーや『響』などのプレミアムウイスキーには明るい兆しを感じていました。

それを強く感じさせる出来事として、シングルモルトのコアなファンたちが多く参加した「ウイスキーライヴ」といったイベントが開催されるようになりました。最初はごく一部の人々、バー業界の方々によって支えられているという感じが強かったのですが、徐々に一般ユーザーが増え、女性の割合も増えていくという光景を目の当たりにすることができたのは非常に心強いことでした。シングルモルトファンが求めるものを肌で知ることができる機会となりました。こうした流れはウイスキーの本質価値を見直そうという活動とも合致するものであり、ウイスキーを単に一九八〇年代の全盛期に戻すのではなく、新たな価値を持った酒として再生しようという目標にもつながるものでした。

ＩＳＣ（インターナショナル・スピリッツ・チャレンジ）の審査員という立場を通じて、シングルモルトに対するスコットランドのブレンダーたちの考え方や、海外のウイスキーファンたちの想い、期待を知ったことは、『山崎』や『白州』の品質見直しにも大きく影響しました。

ＩＳＣでは二〇〇三年以降、日本のウイスキーは毎年高い評価を取り続けます。審査員が全員マスターブレンダー、マスターディスティラーであり、日本のウイスキーの品質をつくり手自らが認めたということです。

審査員になって、このコンペの最高の栄誉はその年のメーカーナンバー1である「ディスティラー・オブ・ザ・イヤー」であることを知りました。この賞は一製品の評価が傑出していたとしても受賞できるものではなく、スタンダードからスーパープレミアム、シングルモルトからブレンデッドウイスキーと全てのカテゴリーで高い評価を得ないと獲得できません。その年に出品した全製品の評価をもとにしたもので、メーカーの総合的な技術力に対する評価です。それは自動的に私の目標となり、ウイスキー事業の目標となっていきました。ただし、その実現には六年を要しました。二〇一〇年の初受賞以降、日本は五回この賞を獲得することになります。市場環境はなかなか好転しませんでしたが、日本のウイスキーづくりが海外で先に評価されることになりました。

†「美味しい飲まれ方」を徹底させる

話は前後しますが、日本市場の再生はシングルモルトやプレミアムウイスキーの存在だけではなしえませんでした。存在感の薄れたウイスキーの魅力を再認識していただくためには、やはり美味しいと感じていただく以外にはありません。

一九八〇年代のウイスキーを振り返ると、決して美味しい状態では飲まれていなかったという反省があります。水割り一辺倒であった時代、本当に美味しい水割りが飲まれていたでしょうか？　美味しい水割りをつくるためには最適な濃さでつくられているか、ミネラルウォーターなど美味しい水で割っているか、氷は透明で溶けにくい大きな氷かどうか、などなどコツやこだわりたいポイントが色々あり、作り方次第でウイスキーの味わいは全く変わってしまうことを知っていただくように努めました。この活動で率先したのは蒸溜所の広報活動でしたが、実際に蒸溜所で美味しい水割りを体感していただいたことの重要さは後々実感することとなりました。

実際に市場の回復に大きく貢献したのは、美味しいハイボールの訴求でした。瓶詰めされた状態で工場から出荷する段階のウイスキーは、いわば半製品。最高の中味品質を実現することはもちろん、飲まれる現場で本当に美味しい飲まれ方を徹底するまでがメーカーの務め。「飲用時品質」にまでこだわりぬく、という考え方です。濃さやつくり方まではっきりと伝えたことは大きな効果があったように思います。まずは、お店で提供されるハイボールの作り方を徹底してもらい、常に一定の美味しさを提供できるようにすることの効果は絶大でした。

そのきっかけとなったのがジョッキで飲むハイボールです。ブレンダーとしてはチューハイやサワーをイメージさせるジョッキには当初抵抗がありました。レモンピールを搾るならまだしも、レモン果汁を搾って入れるのはいかがなものか、と思ったものです。しかし、実際現場で飲んでみると結構美味しい、それは美味しさを実現するためのつくり方が周知徹底されていたからに他ならない、と思っています。

時代は前後しますが、ブレンダーとして美味しい水割りの訴求のあとに缶入り水割りをつくりましたが、残念ながら周囲が期待するような大ヒットとはなりませんでした。それだけに、今回の美味しいハイボールの訴求に続く缶入りハイボールのヒットには驚くばかりです。これはブレンダーの仕事ではなく、いわゆるＲＴＤ（「Ready to Drink」の略語。そのまますぐ飲める缶チューハイや缶カクテル、缶ハイボールなどのアルコール飲料）の開発者の仕事でした。ベースウイスキーは『角瓶』ですが、さすがに八〇年以上の歴史をもち、一九五〇年代のハイボール全盛時代をくぐり抜けてきたウイスキーだけに、ソーダとの相性のよさは間違いありませんでした。

†クラフトディスティラリーの登場

今日ウイスキーに限らずビールやワイン、ジンやラムなど様々な分野で、従来の大手メーカーとはひと味異なる小規模の酒づくりが注目を集めています。クラフトブルワリー、クラフトワイナリー、クラフトディスティラリーといった言葉を聞かれた方は多いことと思います。小規模の強みを生かし個性的で、つくり手のこだわりを前面に出した製品は大手メーカーにはなかなか真似できないもので、大変魅力的です。

この動きは世界的な潮流といってよさそうですが、私自身はことウイスキーに関しては新規参入はほとんどないだろうと思っていました。といいますのも、ウイスキーには貯蔵熟成という工程が不可欠だからです。少なくとも数年間は原酒をひたすらつくり続けなければならず、土地建物や設備など初期投資額の大きさに加えて数年間は収入が見込めません。

貯蔵という工程も、長く樽に寝かせておけば品質が良くなるといった単純なものでなく、貯蔵こそ品質のつくり込みに最も重要な工程です。安心して長期貯蔵できる良質な樽の入手や、貯蔵環境の確保は深い専門知識や経験が問われます。また、工程が複雑で長いことは、酒づくり全体をマネージメントできる人材が求められます。技術的にも資金的にも難しく、小規模なクラフトディスティラリー誕生は想像もしていませんでした。

現在日本では約二十カ所の蒸溜所が稼動しているようです。この二、三年をみても新たにウイスキー製造免許を取得する動きが毎年十件前後あるようですから、新蒸溜所建設の勢いはまだまだ衰えそうにありません。

新たなつくり手の参入がウイスキーの伝統的な価値を崩すことにならないだろうか、一抹の懸念はあるものの、全体的には喜ばしいことに違いありません。十年前日本のウイスキーメーカーはほんの一握りでした。海外のコンペでトップクラスの評価を受けているといっても、それはジャパニーズウイスキーというよりも特定のメーカー、製品に対する評価でした。

海外のウイスキー専門店の棚を見ても、陳列棚にポツンと一本だけ日本のウイスキーが置かれているという光景は、単なるレアなウイスキーという見え方だったでしょう。やはりジャパニーズウイスキーというカテゴリーが認知されることこそ重要で、日本にはいくつもの蒸溜所が存在し、それぞれ個性的なものづくりをしている、と見えて欲しいものです。一日も早く海外のウイスキー専門店や有名バーの棚の一角を多くのジャパニーズウイスキーが飾ることになって欲しいものです。

†そもそも日本におけるウイスキーとは

ところで、日本では酒税法という法律によって様々なお酒が定義されています。そもそもウイスキーとはどんなお酒でしょうか。典型的な表現は、第一章でも見てきたとおり「発芽させた穀類及び水を原料として糖化させて、発酵させたアルコール含有物を蒸溜したもの」ということになりますが、現在の日本の法律では、

イ．発芽させた穀類及び水を原料として糖化させて、発酵させたアルコール含有物を蒸留したもの

ロ．発芽させた穀類及び水によって穀類を糖化させて、発酵させたアルコール含有物を蒸留したもの

ハ．イ又はロに掲げる酒類にアルコール、スピリッツ、香味料、色素又は水を加えたも

の

と定義されています（酒税法第三条一五号）。

イはモルトウイスキー、ロはグレーンウイスキー、ハはブレンデッドウイスキーを定義しているといえます。海外のウイスキーの定義と比べると表現にあいまいな部分があるのは、税金を取るための法律が定義したからでしょうか。この文章には貯蔵という言葉が出てこないのに気づかれたかもしれません。私自身海外で行ったセミナーではグローバルスタンダードとの差をお客様から指摘されることもありました。

その一方で、ジャパニーズウイスキーの今日の発展を実現し、スコットランドでは不可能な独自の技術開発がなされたのも、この法律のもたらしたものと解釈できます。ジャパニーズウイスキーの価値を守るという意味でも、日本のウイスキーの定義はどうあるべきか考える時にあるといってよいのではないでしょうか。

5　ウイスキー市場のグローバル化

日本のウイスキーが世界の様々なコンペティションで非常に高い評価を受けていること

は新聞やインターネットの情報等でご存知の方も多いことでしょう。その実力のほどを示すものとして最近の評価は次頁の表の通りです。

†海外需要の激増

近年日本酒の輸出が大幅に増えていることはご存知のことと思います。国税庁の酒類の輸出統計によれば、ウイスキーも二〇一七年の輸出金額は二〇〇七年度と比べて十一倍になりました。また、輸出量でも約六倍、五四八九キロリットルに達しました。輸出金額を国別にみると、アメリカ、フランス、オランダと続きます。

とはいえ絶対量としてはまだまだ海外のウイスキーファンの期待に添える量ではありません。ようやく鳥井信治郎の夢が百年近い時を経て形になりつつあるということでしょう。一日も早く、世界中どこのバーに行っても日本のウイスキーが並んでいるという時代になって欲しいものです。

†世界中で一番ウイスキーを飲むのはフランス人

世界中で親しまれるウイスキーですが、一人当たりのウイスキー飲酒量を国別比較する

ブランド・年	賞	受賞内容（年）
響12年	SWSC	最優秀金賞（2012, 2014）
響21年	WWA	ワールドベストブレンデッドウイスキー（2010, 2016, 2017）
	ISC	最高賞（トロフィー）2013-2017
	ISC	シュプリームチャンピオンスピリット（2017）
響30年	ISC	最高賞（トロフィー）2004, 2006-2008
	WWA	ワールドベストブレンデッドウイスキー（2007-2008）
山崎12年	SWSC	最優秀金賞（2005, 2009）
山崎18年	SWSC	最優秀金賞（2005, 2008-2010）
	IWSC	最高賞（トロフィー）2006, 2012
	ISC	最高賞（トロフィー）2012
	SWSC	ダブルゴールド　the Best Other Whisky（2011,2012）
	SWSC	the Best Other Whisky、最優秀金賞（2015）
山崎25年	WWA	ワールドベストシングルモルトウイスキー（2012）
	SWSC	最優秀金賞（2015）
山崎1984	SWSC	最優秀金賞（2010）
白州12年	SWSC	ダブルゴールド（2011）
白州18年	SWSC	最優秀金賞（2015,2016）
白州25年	ISC	最高賞（トロフィー）2012

サントリーウイスキーの国際コンペティションでの受賞歴（一部）。賞の略称は、ＳＷＳＣ＝サンフランシスコ・ワールドスピリッツコンペティション、WWA＝ワールド・ウイスキー・アワード、ＩＳＣ＝インターナショナル・スピリッツ・チャレンジ、ＩＷＳＣ＝インターナショナル・ワイン・アンド・スピリッツ・コンペティションをそれぞれ表す

	総数量（千ケース）	一人当たり消費量（リットル）
フランス	15,295.25	2.56
米国	65,219.25	2.46
カナダ	5,450.68	1.74
オーストラリア	3,374.50	1.66
日本	17,505.00	1.51

ウイスキーの国別消費量（抜粋）。2017年IWSR資料より作成 ©The IWSR 2018

と、意外なことに上位にいる国はフランス、アメリカ、カナダ、オーストラリア、日本となります（上図）。

私が勤務している山崎蒸溜所の見学ツアーへの外国人参加者は年々増加し、今や全体の約三割となっています。国別にみるとアメリカ人がトップで、オーストラリアやフランスからも多く来場されます。フランス人というとワインやブランデーを思い浮かべますが、今では食後酒として、また時には食前酒としてもウイスキーが飲まれているようです。日本のウイスキーは今世界の注目を浴びる存在となり、先述のとおり日本からのウイスキーの輸出も大幅に増えてきました。二〇一七年の統計によると、輸出数量では対フランスが第一位になっています。

†アジアのウイスキー事情

その他、世界の様々な国でウイスキーが飲まれています

ブランド	国	生産量（千ケース）
オフィサーズチョイス	インド	31,510.05
マクダウェル	インド	26,102.15
インペリアルブルー	インド	18,770.15
ロイヤルスタッグ	インド	18,317.90
ジョニー・ウォーカー（スコッチ）	イギリス	18,110.18

世界のウイスキーメーカー生産量トップ5。2017年IWSR資料より作成 ©The IWSR 2018

が、南米やアジアはもちろん、最近ではアフリカまでもが新興市場として注目されています。

ここで統計には表れていない国として、インドやタイが挙げられます。いずれも古くからのウイスキー生産国です。ウイスキーは穀物を原料とするお酒である、と定義するなら、中味的にはグローバルスタンダードから外れるかもしれませんが、インド産のウイスキーを統計に含めると、世界のウイスキーメーカーの多くをインドが占めています（上図）。

インドのシングルモルトをかつて飲みましたが、熟成年数のわりに品質がよいのに驚かされたものです。インドが本格的なウイスキーを飲むようになったら、世界のマーケットは大きく変動することでしょう。タイではメコンウイスキーが有名ですが、それ以外にも穀物原料の蒸溜酒があり、薄いハイボールがよく飲まれていますので、将来はウイスキー消費大国になるのかもしれません。

ブレンダーという仕事柄、世界のいろいろな国に『山崎』や『白州』、『響』といった製品の話をしに行きました。世界中にウイスキーラバー（マニア？）がいて、その姿はどこも変わらないものだとつくづく思いました。

†ウクライナのウイスキーラバーたち

今ではとても考えられませんが、二〇一〇年にウクライナの首都キエフにウイスキーセミナーに行きました。昔から多くの芸術家を輩出し、食べ物が美味く美人の多いウクライナ。その文化レベルの高さを考えると、日本のウイスキーのよさはきっと理解してもらえると思いました。とあるレストランバーがセミナー会場となったのですが、その店のバーカウンターには既に『山崎12年』、『白州12年』が並んでいて随分驚かされたものです。

当時、世界の主要なコンペティションで両製品とも高い評価を毎年得ていましたので、その店のバーテンダーも何とかして入手したのでしょう。お客様は三〇人ほどでした。二十代と思われる若い女性が数人入っていたのをよく覚えています。日本のブレンダーに会う機会などめったに考えられないことでしょうから、皆さん大変熱心に耳を傾けてくれました。

話が一段落して、さあこれからテイスティング、皆さんが最も楽しみにしていた瞬間です。いつも通り、私のリードでテイスティングするのですが、途中で予想もしないことが起こったのです。ウイスキーは製品も原酒もアルコール度数二〇パーセント程度でテイスティングするというのは日本のブレンダーもスコットランドのブレンダーも同じです。当然、私はウイスキーに加水してテイスティングすることを促したのですが、その瞬間会場は大ブーイング、順調だった進行が完全に止まってしまいました。これがテイスティングの基本だと言っても全く聞き入れてくれません。その時一人の男性が立ち上がりました。「ウイスキーは神聖なもの、水で割ってはいけない、ストレートでこそ味わうものだ」という主張でした。このような経験は後にも先にもこのとき限りです。

結局、誰一人としてウイスキーに水を加える人はいませんでした。思いも寄らぬ壇上での立ち往生体験でしたが、ブーイングしながらも皆さんの目が笑っているのは印象的でした。話が終わって懇親パーティに移り、ウイスキーで乾杯となりました。私は特に意識することなくストレートで乾杯したのですが、その時の拍手喝采は忘れられません。どこの国でもウイスキーラバーは変わりませんね。

†イスラムの国のウイスキー

もうひとつ深く印象に残っているのがカザフスタンでのセミナーです。世界第九位の国土面積を持ちながら人口は一七〇〇万人、しかもイスラム教徒が七割近いといわれています。二〇一〇年に初めて首都のアスタナ、最大の都市アルマトイ、そしてカラガンダという都市を訪れ、ウイスキーの話をしました。黒川紀章《くろかわきしょう》さんが設計された首都アスタナの近未来都市ともいうべき街の姿に感動しながら、車で数時間揺られてカラガンダという街に移動しました。

夕刻からのセミナーには少々時間の余裕があったので、輸入代理店の社長が郊外にある日本人抑留者の墓地に案内してくれました。日本に理解のある社長は墓参りのための花まで準備してくれていました。荒涼とした荒地の中に墓碑が点々としていました。その一角、世界各国の慰霊碑が立ち並ぶ中、日本の慰霊碑に花を供えました。シベリア抑留者といっても実際には中央アジアのカザフスタンまで送られ、強制労働させられていたとは全く知りませんでした。夏は摂氏四〇度、冬はマイナス四〇度にもなるといわれるこの地で、鉱山での採掘などを強制されていたことを初めて知りました。荒涼とした砂漠の中、容赦なく吹く風に飛ばされそうな白菊を必死で押さえながら、望郷の想いの中で亡くなられた方々の無念さを思わずにはいられませんでした。

この後レストランで二時間ほどのセミナーを実施し、懇親パーティが始まりました。参加者は約三〇人。どういう経緯で知ったのかは分かりませんが、皆さんは私たちがセミナーの前にまず抑留者の墓地に参ったことを大変讃えてくれました。顔つきも東洋人的な人が多いのですが、日本人的な感性を持っているということに大変驚かされました。そして一人の若者がやってきて、私の前にひざまずき、私の手の甲にキスをした時は本当にびっくりしたものです。隣にいたカザフスタン人から、彼のリスペクトの想いを受けとめてやってくれ、と言われました。

これには後日談があります。三年後、私はもう一度カザフスタンを訪れました。首都のアスタナでセミナーを行ったのです。その時、はるばるカラガンダから車を飛ばして一人の若者がやって来てくれたことを後で知りました。彼が私の手の甲にキスした若者かは残念ながら確認できませんでしたが、一期一会という言葉を思わずにはいられませんでした。

ブレンダーでなかったらまず巡り合うことのない貴重な体験には感謝するしかありません。

†中国とインドの台頭、ウイスキー市場でも

インド産ウイスキーを除くと、現在でも日本は国別消費量でアメリカ、フランスと肩を並べます。

世界的にみるとウイスキー需要が増えている国のほうが、減少または停滞している国よりも多そうです。中国やインドは人口の多さを考えると一大消費地となることでしょう。インドのウイスキーづくりは古い歴史をもち、いまや一大消費国になっています。大部分を占めるインド産ウイスキーの一部は、今後輸入品に代わっていくことでしょう。また、中国はマオタイに代表される白酒と呼ばれる穀物を原料とした蒸溜酒の消費大国です。二〇一七年の中国のウイスキー消費量はわずか二〇〇万ケース程度ですが、年間一〇億ケースともいわれる蒸溜酒消費量のごく一部でもウイスキーに代わるとしたら市場は激変することになります。

いずれにしても、かつての日本がそうだったように経済成長とともに市場が拡大していくとしたら、伸びしろの大きさはいかばかりでしょう。最近のスコッチ大手メーカーはアフリカ市場にも熱い視線を送っています。誰も靴を履いていない南の島に行った靴のセー

ルスマン、の心境でしょうか。世界中でウイスキーの蒸溜所が急増しているのもうなずけます。

†世界のウイスキーマップ

五大ウイスキーの産地にとどまらず、現在は世界中でウイスキーがつくられるようになりました。特にヨーロッパでは主だった国にはほとんどウイスキーの蒸溜所があるといってもよいのではないでしょうか。その動きを加速させたのが、先述しました最近のクラフトディスティラリーの隆盛です。ワインやビールに続いて、今はウイスキーやジンの蒸溜所が世界中に増えています。そこでは伝統的なウイスキーづくりにとどまらず、既存の蒸溜所とは一味違った試みもなされていますので、近い将来もっと多彩なウイスキーを口にすることができることでしょう。

ヨーロッパ以外ではお隣の台湾のウイスキーも世界の注目を集めています。またオーストラリアやニュージーランド、南アフリカなどのウイスキーを飲む機会がありましたが、ウイスキーファンのひとりとしてこれからがますます楽しみです。

第四章

ウイスキーをどう愉しむか

1　飲み方の基本とコツ

†日本独自のスタイル

じつは日本でのウイスキーの飲まれ方は海外とは大分様相が異なります。恐らく世界中で日本ほど多種多様な飲み方でウイスキーを飲んでいる国はないでしょう。ストレートやオン・ザ・ロックスとともに、かつては水割り、現在ではハイボールが飲み方の主流です。それ以外にもお湯割りやハーフロック、トワイスアップ、ミストなどなど様々です。ウイスキーをコーラやソフトドリンクなどで割って楽しんだことのある方もいらっしゃることでしょう。

本来蒸溜酒は醸造されたお酒の香り成分を蒸溜によって濃縮させたものです。多量の水やソーダを加え、かつたっぷりの氷を入れるというスタイルは、スコッチのブレンダーの中には好まない人もいます。しかし、プレーンなソーダや水で割るというスタイルは、適量であればむしろウイスキーの香り成分をより際立たせる効果もあります。夏場の高温多湿な日本の気候を考えると、むしろ環境が生んだ必然的なスタイルといってもよいでしょう。

このような日本独自のスタイルはさらに独自のウイスキー文化をつくり上げることになります。それはごく当たり前にウイスキーを何か食べながら楽しむ、いわば食中酒のひとつになっていることです。これは、ハイボールや水割りといったアルコール度数が一〇パーセント程度の状態で楽しむことが定着していたからに他なりません。アルコールの分解酵素が少ない人が多く、高アルコール度数のお酒をそのまま楽しむということをあまりしなかった日本人にとっては、ウイスキーを食中酒として受け入れたのはむしろ自然な姿だったのかも知れません。

代表的なウイスキーの楽しみ方をご紹介しましょう。

a. ストレート

小ぶりのグラスに、三分の一〜二分の一程度、ウイスキーを注ぎ、すこし大きめのグラスにミネラルウォーターと氷を入れたチェイサーとともに楽しみます。喉で味わうように飲むのが真骨頂で、口中に立ちのぼる香りとともに、心地よい喉越しが楽しめます。

ここで大事なのがグラスです。バーによってはブレンダーが日常使うようなチューリップ形のグラスで提供してくれるところもあります。グラスの上部がすぼまっていて、芳醇な香りをしっかり閉じ込めてくれるこのグラスは香りを楽しむのには最高です。

ストレートで豊かな香りと味わいを楽しんだあと、スプーン一杯程度の水を加えるのも良いでしょう。加水によって強いアルコールの陰に潜んでいた繊細で多彩な香りが一気に前面に現れます。その変化にはいつも驚かされますが、思わぬ個性があらわになり、新たな発見をされる方も多いことでしょう。

b. オン・ザ・ロックス

三センチ角程度の氷を二〜三個、小さい氷であればグラスの大きさに合わせて適宜入れます。グラスの半分く

オン・ザ・ロックス
On the Rocks

Ice and Whisky

らいまでウイスキーを注ぎ、軽く混ぜあわせて氷とウイスキーをなじませます。味や香りだけでなく、氷とグラスが奏でる音や冷たさ、見た目の美しさなど五感でフルに楽しめます。

家庭では冷蔵庫の氷を使うのが手っ取り早いのですが、透明で大振りなかちわり氷に変えただけでも美味しさは大幅に向上します。見た目の美しさもありますが、冷蔵庫の氷は解けやすいという点で、やや物足りません。

日本のバーでは大きな丸氷や四角く鮮やかにカットされた氷が登場し、ウイスキーの味わいをさらに引き立ててくれます。これは日本のバーならではの光景ですが、以前ニューヨーク近代美術館（MoMA）に行ったとき、ミュージアムショップに日本製の丸氷をつくるセットが売られているのを見て驚きました。お洒落なグッズとして見出され、丸氷でオン・ザ・ロックスを楽しむのが世界的に広まっていくのかもしれません。

ハーフロック
Half Rock

Ice, whisky and Water

C. ハーフロック

三センチ角程度の氷を二〜三個、小さい氷であればグラスの大きさに合わせて適宜入れます。ウイスキーを適量注ぎ、ウイスキーと等量のミネラルウォーターを加え、軽く混ぜます。ウイスキーの香りと味をマイルドに引き出す、スタイリッシュな飲み方です。等量の水を加えるというのがポイントです。

ブレンダーは通常ウイスキーをアルコール度数が二〇パーセント程度になるように希釈してテイスティングしています。このくらいの濃度が最もそのウイスキーの香味の特徴を見極めやすいのです。

通常市販されているウイスキーのアルコール度数は四〇〜四三パーセントなので等量の水を加えます。最も異なるのは氷を入れることですが、口に含んだ時の口中香の豊かさや力強い味わい、余韻の豊かさは水割りにはないものがあります。

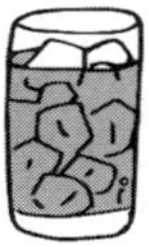

水割り
Whisky and Water

Ice, Whisky and Water
(1 : 2〜2.5)

d. 水割り

最初にグラスに氷をたっぷり入れてからウイスキーを適量（三〇〜四五ミリリットル程度）注ぎます。水を足す前にしっかりかきまぜてから、少量の氷を足します。天然水をウイスキーの二〜二・五倍注ぎ、三回程度軽くまぜます。幅広い食べ物と共に楽しめるのが特徴です。

ハーフロックもそうですが、水割りの美味しさには加える水のよさが求められます。市販のミネラルウォーターなら問題はありませんが、硬度の高いミネラルウォーターはウイスキーの味わいを変化させますので少々注意が必要です。概して硬度の高い水は苦味が強調される傾向にありますし、時にはウイスキーの色合いを変化させる場合もあります。日本のミネラルウォーターは大部分が硬度一〇〇以下の軟水ですのでその点では安心して楽しめます。

蒸溜所でウイスキーの仕込みに使う水をマザーウォーターと呼びますが、マザーウォーターで割った水割りやハーフロックは格別です。科学的に説明できるかどうかは別にして、脳が感じる美味しさという点では重要なことだと思います。

e．ハイボール

グラスいっぱいまで氷を入れて冷やした後、冷蔵庫でしっかり冷やしたウイスキーを適量注ぎます。きりりと冷えたソーダを加え（ウイスキー一に対してソーダ三〜四）、炭酸ガスが逃げてしまわないよう軽くまぜます。爽快な喉越しで、ウイスキー本来の香味が楽しめるだけでなく、料理の味わいも引き立てる飲み方です。この他に、ウイスキーやグラス、炭酸全てをしっかり冷やしておき、氷は入れない、炭酸が飛ばないように混ぜない、といったつくり方のこだわりを持っている人もいます。

一九五〇年代に主流であったハイボールという飲み方も、現在になって大分進化したように思います。炭酸水の水質やガス圧の違いなど、多彩な製品が登場したことで美味しさも深化しました。また、ハイボールにレモンやライム、ミントを添えるなど、カクテルとしてのハイボールの進化は著しいものがあります。

ハイボール
Highball

Ice, Iced whisky and Soda
(1 : 3~4)

\+

OK!

Lemon or Lime or Mint

ミスト
Mist

Crushed Ice, Whisky (30 〜 45 ml)
and Lemon Peel

水割りもハイボールも、極限まで薄くした〝うすはりグラス〟でつくるとその美味しさを一段と引き立ててくれます。手に取ったとき、口に触れた瞬間の繊細な感覚、きりっと冷えた印象はウイスキーの味さえ変えてくれるような印象を与えてくれます。

f. ミスト

ミストは霧の意味。ロックグラスの外面に白い霧がつくのがよく見えて、冷涼感が際立ちます。ロックグラスにクラッシュドアイスをたっぷり入れ、ウイスキーを適量注ぎます（三〇〜四五ミリリットル）。レモンピールを搾りかけ、グラスの中に落とします。

g. トワイスアップ

ウイスキーをグラスに注ぎ、同量の水を注ぎます。

トワイスアップ
Twice Up

Whisky and Water

水はあえて冷やさず、常温のものをお薦《すす》めします。つくり方は簡単ですが、ウイスキーの「香り」を楽しむのには最適な飲み方です。常温のウイスキーと水がウイスキーの個性を引き出してくれます。

ワイングラスやテイスティンググラスなど脚付きのグラスに注ぎ、静かに揺すって香りを立たせるのもよいでしょう。氷を入れない常温の飲み方ですので、いつまでたってもその美味しさが変化することはありません。

h．ホットウイスキー

ウイスキーをグラスの四分の一から五分の一ほど注ぎ、ウイスキーの二～四倍くらいのお湯を加え軽く混ぜます。そのままでもよいですが、レモンなどの柑橘類、シナモンスティックやクローブ、バジルなどのハーブ類、ジャムやドライアップルなどを加えるとさらに豊かな味わいとなります。

加えるお湯は八〇度くらいがお薦めです。水割りに比べてお湯の熱さ、香り立ちのよさ、味わいの総刺激量がアップするので、加えるお湯の量は多少多めでも十分楽しめます。

冬場のお湯割りはお薦めのスタイルですが、アルコールの吸収が早そうでトータルの飲

ホットウイスキー
Hot Whisky

Whisky and Hot Water
(1 : 2~4)

＋

OK!
Lemon or Cinnamon
or Basil or Jam or Dry Apple

酒量は抑えられるかもしれません。お酒を温めて飲むというのは海外ではあまり見かけませんが、身体にやさしい日本人らしい飲み方といってもよいのではないでしょうか。

†ウイスキーでよみ解く日本現代史

日本でのウイスキーの飲まれ方は時代とともに大きく変化してきました。戦前のウイスキーの飲まれ方にはロックはなく、ほとんどがストレートかハイボールであったといいます。オン・ザ・ロックスという飲み方を日本に紹介したのはプロ野球巨人軍の水原茂《みずはらしげる》監督であったという話があるくらいですから、一般に広がるのは戦後だいぶたってからのことでしょう。

夏目漱石の『それから』にはしばしばウイスキーが登場しますが、主人公の代助も裕福な家庭の生まれです。カフェやバーのウイスキー一杯の値段が昭和五年頃（ちょうど国産第一号ウイスキー『白札』が誕生した頃）、『ジョニーウォーカー』や『ブラック＆ホワイト』で一円弱したということです。国家公務員の初任給が七五円だったことを考えると、庶民が気軽に飲める存在ではなかったことが分かります。

ウイスキーの大衆化という意味では戦後一九四六年の『トリス』の発売以降といってい

いでしょう。サントリー、当時の寿屋は一九三八年には大阪に直営バーを開設していましたが、一九五〇年にはトリスバーが誕生します。以後、全国にトリスバー、サントリーバーが続々と登場することになります。一九五〇年代になり、トリスを冬はホットで、夏はハイボールでと積極的に訴求し、人々は一杯五〇円のハイボールを求めました。

†高度成長とウイスキー

一九五五年頃から日本は毎年一〇パーセント以上の経済成長が続き、いわゆる高度経済成長時代を迎えます。芥川賞を受賞した開高健氏の有名な「『人間』らしくやりたいナトリスを飲んで「人間」らしくやりたいナ　「人間」なんだからナ」（九六頁）という有名なコピーもこの頃生まれました。

生活の洋風化は進み、各家庭には電気冷蔵庫が当たり前となっていきます。これはウイスキーの飲み方にも大きな影響を与えたと思われます。ハイボールは氷や炭酸が必要なだけに、家庭で気軽に楽しむというわけにはいきませんでした。一九六九年に冷凍室が独立した冷蔵庫が普及し始めますが、これにより家庭で手軽に氷を手に入れることができるようになりました。一九六〇年代の途中からハイボールは水割りに徐々に移行していきます。

家庭で気軽に楽しめるという意味ではやはり水割りだったのでしょう。水割りの台頭はメーカーの仕掛けではなく自然発生的なものだといわれています。水割りの普及に伴いウイスキー市場は一九八〇年頃まで右肩上がりの成長を続けます。この頃ウイスキーをボトルでキープするという飲み方が一気に広まっていきました。

水割りの普及は、日本のミネラルウォーターの浸透、普及にも大きな影響を及ぼしたように思います。一九八〇年代後半からミネラルウォーターは自然・健康ブームを背景として家庭市場へ浸透していきますが、それまでは瓶入りミネラルウォーターが専ら業務用市場で消費されていました。

一九七一年にバーボンやスコッチの輸入が自由化されますが、これによりバーボンをコーラで割って楽しむというような飲み方もごく当たり前になったと思われます。また、一九八〇年代にはホットウイスキーという飲み方が改めて提案され、取っ手の付いたグラスを家庭でも見かけるようになりました。

†こだわり派とハイボールによる大衆化

一九八〇年代にはシングルモルトウイスキーが各社から売られるようになりましたが、

日本でシングルモルトに多くの人の注目が集まるようになったのは二〇〇〇年頃からではないでしょうか。シングルモルト人気の伸張は「ウイスキーは生のまま味わいたい」というモルトファンのこだわりを受け、ストレートで楽しむという飲み方が増えていったように思います。ここでのストレートは、かつての小振りのショットグラスではなく、ブレンダーが使うようなチューリップ形のグラスの普及につながったように思います。

シングルモルト人気は徐々にウイスキーファンを増やしていきますが、長年続いたダウントレンドを解消し、多くの人がウイスキーに親しむようになるためにはハイボールの登場を待たねばなりませんでした。

それは二〇〇八年のメーカー提案から生まれたものでした。チューハイ全盛の時代に古くて新しい飲み方がウイスキーのトレンドを大きく変え、若者も含めた幅広い支持を集めることになりました。一九九一年に缶入り水割りウイスキーが登場しましたが、缶入りハイボールは今や年間一一〇〇万ケース以上も消費され、缶入りのウイスキーを楽しむというスタイルが定着することになりました。ハイボールはプレーンなソーダで割るだけでなく様々な飲み方が提案されており、今もなお進化を続けています。これからもウイスキーの楽しみ方がますます広がっていくことを期待したいものです。

2 ウイスキーと食との相性

†水、ソーダ、アルコール度数、自由自在

海外で日本のウイスキーに関するセミナーをするときに、最も理解されにくいことのひとつはウイスキーを食べ物と一緒に楽しむという日本ならではのスタイルです。最近だとハイボールにはから揚げがよく合うというCMは目にされる機会も多いことでしょう。

食事を美味しく味わうためには適度な水分は欠かせませんが、そこでお酒が登場することで、より食欲が増進したり、食べ物とお酒の組み合わせの妙で、よりその美味しさが増すということがあります。もちろん食事とともに楽しむお酒といえば日本酒、ワイン、ビールなど様々な醸造酒がありますので、ピンと来ない方も多いかと思います。これら醸造酒の飲まれ方の特徴は、飲用時の温度は別として、瓶詰めされたそのままの味わいを楽しむという点にあります。

ウイスキーの場合、そのままよりも水、炭酸、氷など何か加えて飲まれます。しかも水

や炭酸の量は自由自在です。これが他のお酒にはないウイスキーの強みなのです。食べ物の味わいの濃さに合わせてお酒の濃さを自由に調節できるということであり、相性のよい組み合わせが格段に広がります。

†和食とウイスキー

私の住んでいる山崎蒸溜所の近辺は筍《たけのこ》の産地として有名です。筍の煮物は季節の風物詩でもありますが、これにお酒を合わせようとすると意外と悩みます。私は最高の組み合わせはウイスキーの水割りだと思っていますし、ウイスキーが最高の食中酒であると確信した由縁でもありました。日本のウイスキーの水割りの淡麗な味わいは、筍の繊細な味わいを損なうことがありません。むしろ出汁《だし》の味わいを引き立ててくれるように思います。

日本人がウイスキーと食べ物とを一緒に楽しむという飲み方がいつ頃から生まれたかは定かではありません。一九六〇年の途中からそれまでのハイボールから水割りに徐々にシフトしていきます。一九七〇年代に入って〝二本箸《にほんばし》作戦〟と称して、バーなど洋風のお店で飲まれていたウイスキーをお寿司屋さん、割烹など和風料飲店でも飲んでもらおうという活動を展開したことが、ウイスキーを食中酒にするきっかけとなったことは間違いないでしょう。

一九八〇年代に刊行された『懐石サントリー』という本（サントリー広報部著、淡交社、一九八〇年）の内容は今読み直しても食中酒としての確かさを確信させるものです。近年、海外からの和食に対する注目度の高さには驚かされますが、繊細な和食にピッタリなお酒として日本のウイスキーが広まっていくこと、そして日本のウイスキーが食中酒であることが認識されることを期待するばかりです。

†から揚げとハイボール

お酒と料理の相性についてはワインや日本酒などではよく語られます。美味しさは人それぞれに違うでしょうから、一概には決めつけられないのは確かです。その人にとって好きな食べ物と好きなお酒は最高の組み合わせなのかもしれません。しかし、多くの人がよく合うと感じる組み合わせはあるような気がします。少なくとも、料理を食べてお酒を飲む、また料理を食べるということを繰り返した後、料理やお酒の苦味や渋み、酸味が強調され、本来の甘みが感じにくい、というような組み合わせは相性が悪いといってよいでしょう。

酒と食の相性を語るときよく言われるのは、

①料理の後味や嫌味をお酒で洗い流すことで口中をリフレッシュさせる。

②料理とお酒の味わいの濃さを合わせることで双方の美味さが楽しめるようにする。

③料理とお酒がお互いに作用し合って単品では味わえない味を生み出す。

などです。

私が経験した具体的な例をご紹介しましょう。

から揚げに代表されるような揚げ物や、少々脂っこい中華料理にはハイボールはピッタリです。香辛料の利いた料理、例えばカレーなどにもハイボールは驚くほどよい相性を示します。その他、ミントやレモングラス、しそや山椒などハーブ類もあげるときりがありません。ハイボールは口中をリフレッシュしてくれ膨満感も少ないので、食べ物の美味しさが倍化します。これは典型的な①の例です。それと同時に、食べ物の濃厚な味わいはハイボールの爽快感を際立たせてくれることにもつながります。

意外（?）なことにハイボールは寿司にもよく合います。ただし、ウイスキーなら何でもよいというわけにはいかないようです。貝類など磯の香りの強いものには、少々スモーキーフレーバーのあるウイスキーがよさそうです。単なるリフレッシュ効果、ウォッシュアウト効果ではなく、磯の香りと調和して、生臭さを抑えながら魚貝の旨さを引き立ててくれます。これは③の例でしょう。

また、先述の筍の煮物のように出汁の旨味がベースとなっている料理には水割りの方がより相性が高いように思います。

†料理とウイスキーの相性、いろいろ

飲み方だけでなく、ウイスキー個々の香味の違いと料理には当然相性があります。例えば天ぷらを食べるとき、塩で食べるなら『白州』、天つゆで食べるなら『山崎』をお薦めします。やきとりの場合、塩なら『白州』、タレなら『山崎』です。軽いスモーキーフレーバーがあり軽快な味わいの『白州』、香味が複雑でボディのしっかりした『山崎』、それぞれの個性の違いが、同じ食べ物の味わい方においても、より相性のよさを際立たせる組み合わせがありそうです。

食べ物との相当多様な組み合わせが成立しそうなウイスキーですが、改めてそのわけを考えてみましょう。ウイスキーの製造工程と、その工程に由来する香りや味わい、私たちが相性がよいと思っている食べ物の具体例を以下に挙げてみました。

例えば、原料の麦芽の中にはピート（泥炭）を焚《た》いて独特のスモーキーフレーバーを付与したものがあります。この麦芽からつくられるウイスキーは程度の差はありますが、スモーキーで時には少々薬品臭いと感じるものがあります。当然穀物由来の香ばしい香りも加わります。このようなウイスキーに共通する香りを持った燻製《くんせい》や炙《あぶ》りもの、焼き物などが合うのは間違いないでしょう。

また、貯蔵に使う樽は内面をよく焦がしてあるのですが、この内面を焼くこと（チャー）によってオーク材の成分が分解し、バニラの香りが生まれます。樽由来のナッツやアーモンドの香り、バニラの香りが特徴的なウイスキーと、チョコレートがよく合うというのも納得です。

熟成が進むとフルーティな香りがさらに増していき、フルーティさはフレッシュな感じからより濃厚でねっとりしたような凝縮感を深めていきます。時にはジャムやドライフルーツを連想させることもあります。特に、シェリー樽で寝かせた原酒をたっぷりブレンドしたウイスキーなどにはこの特徴が顕著に現れます。ナッツやドライフルーツ、バニラの香りというと、私はずっしりと重いパウンドケーキを思い起こします。実際、ウイスキーとパウンドケーキの相性も絶妙だと思います。

ウイスキーは総じてスイーツ全般に大変よく合います。中でも和のスイーツには和のウイスキーがよいのではないでしょうか。私は日本のウイスキーと羊羹《ようかん》の組み合わせを楽しんでいます。もちろん、この場合、しっかりした甘さに合わせるには、ウイスキーもストレートやトワイスアップのような濃い目をお薦めします。先ほど挙げた相性②の典型例といえます。

ウイスキーは蒸溜酒の中でも貯蔵熟成という工程をもち、製造工程が複雑なだけに香味成分もより多彩で複雑です。相性のよさのひとつは共通の香味をもつことでしょうが、その点ではウイスキーは極めて多彩な食べ物との相性のよさをもっているといってよいのではないでしょうか。さらには香味の複雑さと熟成による凝縮感の向上が、水や炭酸で割ってもウイスキー本来の味わいを楽しめるということにつながり、より食中酒としての適性を高めたといえるのでしょう。

3　オーセンティックバー入門

†独り酒には、ウイスキー

醸造酒、蒸溜酒、カクテルなどなど様々ある中で、ウイスキーほど独りで飲むというシーンが似合うお酒はないような気がします。もちろん、他のお酒と同じように、ハイボールを飲みながら皆でワイワイガヤガヤとやるのも悪くありません。しかし、よい意味で独り酒がこれほどよく合うお酒もなさそうです。

ウイスキーを楽しむ場には様々ありますが、その代表はバーでしょう。バーといってもひとくくりに出来ないほどその種類は多様です。オーセンティックバー、ショットバー、ジャズバー、ロックバー、ピアノバー、ダーツバー、ダイニングバー、レストランバー、スペインバル、ワインバー、日本酒バー、……。何を楽しむかによってそれぞれ特徴があり、自分の好みによって選択することができます。

中でも伝統的なスタイルを重視し、本格的にお酒の美味さを楽しむためにあるのがオーセンティックバーです。その多くは静かで重厚な雰囲気があり、カウンターの向こうには身だしなみのよいバーテンダーがいます。照明はやや控えめで、少々開けるのをためらいたくなるような重厚な扉と立派なカウンター、そんな特徴があるような気がします。

それだけに入門者は少々気後れするかもしれません。オーセンティックバーにもカクテルが中心の店やウイスキー中心の店もあり、店によって特徴は様々です。また、同じウイスキーでもシングルモルトやバーボン、中には数十年前に瓶詰めされたようなオールドボトルが売りの店など、多彩です。

いずれにせよ、ウイスキーを最高に美味しい状態で飲める場であることは間違いありません。オーセンティックバーの象徴でもあるカウンターは、その店のバーテンダーのこだわりが込められていて、思わずその素材を聞きたくなってしまいます。またカウンターはバーテンダーと客との絶妙の距離感を保ってくれます。

カウンターというとお寿司屋さんを思い起こします。両者には共通点があって、経験値の少ない人間は何をどう注文したらよいのか、こんなことを言って何も知らない奴だと思われはしないか、また料金がよく分からないこともあり、緊張や不安でいっぱいになります。でもあまり固く考えずに、オーセンティックバーはお酒に関する正しい知識やマナー、楽しみ方を知る最良の場、ととらえてみましょう。

日本のバーのレベルは世界のトップクラスにあり、ウイスキーの品揃えも半端ではありません。また、毎年のように世界的なコンペティションでチャンピオンを輩出しています。その優秀なバーテンダーたちが皆さんにお酒の世界の魅力を教えてくれるのです。

†バーを最大限楽しむための心得

このようなバーを最大限楽しむためにも、客として心得ておくべきマナー、たしなみがあります。いくつか私が心がけていることを紹介しましょう。

①服装

特に初めて行く店などは店の雰囲気が分かりません。できるだけお店の雰囲気を崩さないよう、ジャケットは着用するようにしています。

②人数

カウンター中心で席数の少ない店も多いです。私の場合、バーは一人で行くことが多いのですが、誰かと一緒の場合でも多くて三人まででしょうか。人数が増えるとどうしても仲間うちで盛り上がりがちです。隣のお客様は静かにお酒を楽しみたいと思っているかもしれません。何人もで行くのは遠慮しています。三人でしたら事前に電話をお店に入れる方が無難でしょう。

③注文

私の場合、最初の一杯は決めています。かつてはジントニックを頼んでいましたが、今は『白州』か『ラフロイグ』のハイボールです。一杯目だけは最初から決めておいた方がスマートかもしれません。

二杯目からはバックバーに並んでいるボトルを眺めながら、何か気になるボトルがあったらバーテンダーの話を聞きそれを注文します。初めて飲むウイスキーでしたら最初はストレートでオーダーし、一口は生で味わいますが、大概は途中で少量の水を入れてもらっています。

私の場合、シングルモルトでも一二年もののウイスキーくらいまでは水割り、ハイボールならば何でも抵抗ありませんが、それ以上の長期熟成もののウイスキーはストレートかロックで注文します。長期熟成によってようやく達した繊細なバランス感はそのまま味わいたいと思ってしまいます。その場合でも常温の水を少量加えるのはありだと思っています。

また、カクテルの注文などが集中しバーテンダーが忙しく立ち働いているときにオーダーするのは控えます。バーテンダーが一声かけてくれることが多いのですが、注文にも心配りは大切だと思います。

④滞在時間

私の場合一軒のお店で飲むのは三杯までと思っています。会話がはずんで長居しがちなこともありますが、その店にとって、いつまでも歓迎される客としてあり続けるためにも、酩酊するようなことは避けたいものです。バーでの立ち居振る舞いは結構周りの人が見ているものです。酔いがまわると抑制が利きにくくなりますので、仕事や職場の話はしないことにしています。

バーにはそれぞれバーテンダーの人柄が醸し出す独特の雰囲気があり、その雰囲気を心地よいと感じる常連客によってひとつの空間が出来上がります。それを好ましいと感じる人同士が作り出す空間だけに、見知らぬ人との貴重な出会いの場にもなります。また、馴《な》染《じ》みのバーを持っていることが、お得意さまなどをもてなす上であなたの仕事を助けてくれることもあるでしょう。全国各地には魅力的なバーが沢山あります。その中から自分にとって居心地のよい店を見つける、できれば全国各地にそんな店をもつことができたら、人生がさらに豊かになることは間違いありません。

バーなどでウイスキーを注文する際に、ボトルのラベルに表記されていることの意味が分かるとより中味の楽しみが増します。第一章でお話ししたウイスキーの種類を参考にしてみてください。

†シングルモルトの飲み比べ

個性豊かなシングルモルトの飲み比べはバーならではの楽しみです。

スコットランドのシングルモルトは蒸溜所のある地域で語られることがよくあります。大きく分けると、スペイサイド、ハイランド、ローランド、アイラ、アイランズ、キャンベルタウンの六地域です。とはいえ、それぞれの地域のウイスキーは簡単に共通のキャラクターとしてひとくくりに出来るようなものではありません。

その中で、スペイサイド地方はブレンダーの目から見ても大変魅力的な蒸溜所が集中しています。マッカラン、グレンフィディック、グレンリベット、グレンロセス、ロングモーン、……といった名前はご存知の方も多いことでしょう。

スペイサイドを除くハイランドドラインの北側はハイランド地域とされていますが、私たちがスコットランドの風景として連想するのはハイランド地方の光景かもしれません。中でもハイランド北部は個性的な蒸溜所が多いように思います。これに対しローランドはグレーンウイスキーづくりの中心地であり、オーヘントッシャンのような三回蒸溜にこだわる蒸溜所もあり、比較的ライトでまろやかなタイプが多いように思います。

アイラ地方は蒸溜技術の伝播、発展とも関連し、独特の風味をもったウイスキーづくりが行われてきました。アイラピートならではのスモーキーフレーバーの強烈なものが多く、根強いファンに支えられています。オークニー、スカイ、ジュラなどアイラ以外の島々でつくられるウイスキーはアイランズとくくられ、それぞれ個性的な味わいのウイスキーがつくられます。また、かつては一大産地であったキャンベルタウン、もともとはスモーキーでオイリーといった特徴があったようで、一時期は三十カ所以上あったといわれる蒸溜所は今や三カ所となってしまいました。

†飲み比べいろいろ

スコッチのエリア別のウイスキーを比較したり、世界五大ウイスキーの産地別に比較してみたりすることで、自分好みのウイスキーに巡り合うこともできるでしょう。

バーの棚には大量のボトルが並んでいます。同じ蒸溜所のシングルモルトでも全くラベルの異なるウイスキーが並んでいたりします。日本では馴染みのないことですが、スコッチウイスキーの場合、シングルモルトの中にもその会社でつくられたオフィシャルと呼ばれるものと、ボトラーズと呼ばれているものがあります。蒸溜所から熟成中の原酒を購入し、それを独自に混和してブレンドしたもので、オフィシャルの製品よりは販売する量が少ないこともあるのでしょうが、時に非常に興味をそそられるものもあります。

バーというとシングルモルトに偏りがちですが、ブレンデッドウイスキーも試してみてください。スコッチのブレンデッドの場合、特にロングセラーの製品などには創業者でありブレンダーでもあった人名を冠したものも多くあります。シングルモルトと同じように年数の表示があるものとないものがあります。年数表示は製品に使用されている原酒の貯蔵年数の一番短いものを示しています。この規定には上限はありませんので、実際には相当な高酒齢のものが含まれることもあります。年数の表示がないからといって熟成年数が若いというわけではありません。ブレンドの一部に、貯蔵年数は若くても個性的な原酒を使っている例もあり、ブレンダーの創意がより発揮されるものです。

4　家飲みを楽しむ

†たとえ家でも、こだわりたいポイント

日本酒やワイン、ビールに比べて家で飲むウイスキーはいまひとつ美味しくない、と思っている人はいませんか？　実は私も四十歳くらいまではずっと思っていました。今でもバーで飲むウイスキーの味わいは格別のものがあると思っています。バーにはウイスキーを最高に美味しく飲む環境が揃っています。それに他のお酒に比べるとウイスキーはハイボールや水割りなどひと手間かけて楽しむお酒だけに、プロのバーテンダーの腕が発揮されます。

家庭でより美味しいウイスキーを楽しむためにはいくつかこだわりたいことがあります。直接味に関係するものとしては水、炭酸、氷です。ミネラルウォーターやハイボールに合った炭酸水を用意したいものです。また、氷もコンビニやスーパーで売っているかち割氷を使うとより美味しさがアップします。

またグラスにもこだわりたいものです。重量感のあるクリスタルグラスや自分専用のグラスなどがあれば、それだけで豊かな時間を提供してくれるでしょう。さらに美味しく飲む工夫としてはグラスやウイスキーそのものも冷蔵庫で冷やしておくというのも飲み方によっては有効です。八つの飲み方についてのポイントは、本章のはじめにお話ししましたので、参考にして下さい。

私は冬場はお湯割り党ですが、お湯割り用のお湯は鉄瓶で沸かしたものに何故かよりまろやかさを感じます。単なる思い込みかも知れませんが、これだけで美味しさは倍加する気がします。

これに音楽が加わればいうことはありません。一人の時間を楽しむときにはジャズを流すこともあります。同じジャズでもヨーロピアンジャズはいいですね。以前、山崎蒸溜所を訪れたドイツ人のジャズミュージシャンが、その時の感動を『YAMAZAKI 12』というタイトルでリリースしてくれました（アルバム『BRASSABI!』に収録。エルマー・ブラス・トリオ、澤野工房）。『山崎』を楽しむための極上の空間を提供してくれます。

本来他人の目を気にすることなく、最もリラックスできる我が家ですから、ひと手間かけることで最高の味わいが楽しめるはずです。

第五章
ブレンダー室の楽屋話

1　知っておくともっと楽しめるウイスキーの話

†シングルモルトもブレンダーの腕が問われる

たとえば一二年もののシングルモルトは一二年寝かした樽ならどれでも製品に使えると思っている方が結構いらっしゃいます。実際には一二年もののシングルモルトになれる樽の方が少ないといってよいでしょう。ブレンダーが一樽一樽熟成具合をチェックしながら、今使ってやるのがベストと判断したものから使われていきます。もっと寝かした方がよいと判断すれば将来のために大事にとっておくことになります。

この選別はなかなか大変です。シングルモルトといっても、ホワイトオーク樽の古樽でバランスのとれた味わいのリッチな原酒、果実香豊かで重厚なシェリー樽原酒、スモーキーフレーバーのしっかりした力強い香味の原酒など、様々な原酒をブレンドすることで出来上がります。

例えば『山崎』というウイスキーでも年数表示のないものから一二年、一八年、二五年と様々ありますが、皆固有のブレンドレシピを持っています。一二年と一八年は決して兄弟の関係ではなく、全く異なるコンセプトのもとでつくられたものです。一二年ものをさらにもう六年寝かせても、決して一八年ものの味にはなりません。ブレンデッドほど数多くの原酒を使うわけではありませんが、ブレンドの妙味が発揮されているのは確かです。単一の個性が際立った製品もありますが、香味の複雑さやバランス感はブレンドの技によって生まれるのです。

†作りたいイメージが問われる

シングルモルトもブレンデッドも新製品をつくる時にはまず完成後の姿をイメージすることから始めます。シングルモルトは蒸溜所の個性をどう表現するかですが、特に一二年以上熟成させたようなプレミアムウイスキーは最初のイメージづくりが重要です。また、ブレンデッドの場合、特に味わいの方向性を最初にイメージすることは重要なことです。つくりたいイメージがはっきりすればするほど、最終的な完成度は高まるように思います。

新製品のコンセプトはマーケターによって練られますが、それを味に展開するのは当然ブレンダーの仕事となります。コンセプトを咀嚼《そしやく》して香味をイメージするのですが、その時いきなり香味の具体的な特徴を思い描くのではなく、一旦人物や音楽、色、情景などをイメージし、それから味わいに展開することもあります。その方がより詳細なイメージを作りやすいということでもあります。

『響17年』は私の前任のチーフブレンダーであった稲富孝一さんのブレンドですが、ブラームスの交響曲一番第四楽章をイメージしたものと伺いました。私もかつて『無頼派』というウイスキーをつくりましたが、やはり無頼派にピッタリな人を具体的にイメージする所から始めたものです。ウイスキーの世界で、無頼派といったらピートの香りの利いたパンチのあるタイプとなるのが普通でしょうが、実際にはバニラ香の甘美な薫りがストレートに伝わる中味となりました。これなども人を具体的にイメージしたことで生まれたブレンドイメージといえます。

†素材で決まる最終的な出来栄え

かつて『謎』というウイスキーが存在したのをご存知でしょうか？　二〇〇〇年から二〇〇七年まで、ウイスキー市場がもっとも厳しかった時代に、日本推理作家協会とのコラボで毎年『謎』というウイスキーを発売しました。チーフブレンダーになりたての私としては教えられることの多い、大変記憶に残る仕事となりました。

　日本を代表する人気推理作家六人に山崎蒸溜所に来ていただき、私が事前に選定しておいた十種類の原酒をもとに、オリジナルウイスキーをつくっていただくという企画でした。先生方が作られた六種類のウイスキーの中から互選で一番を決め、それを数量限定で発売しました。

　逢坂剛《おうさかごう》さん、北方謙三《きたかたけんぞう》さん、大沢在昌《おおさわありまさ》さんという錚々《そうそう》たる顔ぶれに加えて毎年三人の先生が新しく加わりました。先生方には事前にブレンドのコンセプトを考えていただいた上で、それを様々な原酒で表現していただきます。時間が限定されていますので、実際に先生方が試作されるのはせいぜい三、四点といったところでしょう。私たちが新製品を開発する際、時には一年以上の時間をかけ、一〇〇タイプ以上の試作を重ねるのとは比べるべくもありません。にもかかわらず、最終的に一番となったウイスキーはなかなか素晴らしいものでした。十分商品化に値するレベルでした。

　ブレンドを生業としているブレンダーとしては心

『謎　2006〈忍〉』は今野敏氏が創作に関わった

穏やかではありません。ブレンダーとして何故そうなるのかを考えずにはいられませんでした。最終的に至った答えは、ウイスキーの最終的な品質は選定した原酒の品質で決まるのだろう、ということでした。素材さえよければ一〇〇点満点で八〇点くらいはいきそうだ、ということでした。ブレンダーの仕事はその先八〇点から最終的に何点までもって行けるかになります。八〇点から一点上げるのに比べて、九〇点から一点上げるのがどれほど困難かは皆さんのご想像にお任せします。

†AB型がよい?

最初に描いたブレンドイメージを具現化するためにまずは五〜一〇種類程度の原酒を選定します。この段階は頭の中でのブレンド作業です。たとえ一〇種類程度でも配合の組み合わせは無限にあるわけですから、頭の中でのイメージブレンドは重要な作業で、これにより無駄な作業が省かれていきます。ブレンダーとしての経験値が問われるところです。もちろん、一〇種類の原酒は当然将来的にみても安定して確保できるかを検討したうえでの選択です。

現在はコンピューターという強い味方がありますので、この作業の精度はだいぶ高まりました。コンピューターのなかった時代のブレンダーの苦労は想像もつきません。原酒の在庫は決して都合よく、バランスよく存在などしていません。Aという原酒がなくなった時はBとCとの組み合わせで代替できる、とか将来の在庫の変動も見込んだうえでレシピを考えなければなりません。

全製品のレシピは五年後、一〇年後の品質が確保できるかも含めてシミュレーションすることになります。この点では現在のブレンダーにコンピューターという重宝な武器は欠かせません。しかし、本来がアンバランスな在庫ですから将来的に問題ない、などという答えがシミュレーションで得られるわけもありません。日常の仕事はコンピューターを駆使し、一樽ごとの官能検査をもとにした緻密な作業の積み重ねなのですが、最後の判断は〝まあ何とかなるだろう〟という極めてアバウトなものです。

高い能力をもったブレンダーとは、まさにこの何とかなるだろう、という感覚を持てるかどうかでもあります。緻密さと同時に少々楽観的でおおらかに問題をとらえられる、一見相反したアプローチに違和感なく立ち向かえることこそブレンダーの必須の資質でしょう。私は血液型と性格を信奉しているわけではありませんが、AB型的な資質が必要なのかもしれません。

会社組織の中では、この何とかなるだろう、を分かりやすく(?)説明し、周囲を納得させなければなりません。ここでブレンダーが大変苦労することは皆さんもお分かりいただけることでしょう。

†最終的な品質を予測できるか

新たに行ったテストブレンドサンプルは直ちにその出来栄えを評価します。一方、実際の製造工程ではブレンドされたものは香味を馴染《なじ》ませ、香味成分の安定化を図るために一定期間保管されます。すでにお話ししましたが、これを後熟と呼びます。後熟前後の香味変化は想像以上に大きく、ブレンドレシピによっては安定化に四〜六カ月もかかります。だからといって試作品の評価にそんなに長い時間をかけるわけにもいきません。

香味が微妙に変化するもうひとつの理由は、後熟後の濾過に由来します。パルミチン酸エチルなど、芳香成分の一部が保管中に混濁するのを防ぐために低温下で濾過されます。このように、実際の現場では製品によってはブレンドから瓶詰めまで半年近い時間を要するのです。ですから、ブレンダーの評価はこの間の品質変化を見込んだものでなければなりません。

ここまで言うと大変難しいことを行っているようですが、これも経験の積み重ねで自然と身についてくるものなのです。

†結局最初に戻った

ブレンドはバランスの追求といえます。しかし、バランスをとるという行為は、突出した個性を抑えて全体を丸くすることではありません。それではバランスはよいかもしれませんが、何とも面白みのないものになってしまいます。実際にブレンダーが試行錯誤を繰り返すのも、香味の複雑さの中にどこかアンバランスな落としどころを求めているのです。

前項で『謎』というウイスキーを推理作家の先生方にブレンドしていただいたことをご紹介しました。僅か一時間半ほど、数点を試作しただけなのに結構面白いウイスキーができているのです。これも単に試行錯誤を繰り返し、手間ひまかければ完成度が上がるわけではないことを示しているのでしょう。まずブレンドのコンセプトを考え、それを一〇種類なら一〇種類の原酒で表現する。その時最初に浮かんだレシピ、最初のひらめきが結構核心を衝いているという事でしょうか。

私の経験でも何度も試行錯誤を重ねた挙句に、行き詰まって最初のレシピに戻ってみるという経験が何度もありました。一旦立ち止まってこれまでの過程を振り返る。これで本当に良かったのか、ブレンドはその繰り返しです。

†優等生ばかりでは面白くない、100＋1を200にする異端児

ブレンドという行為をひとことで表すのは極めて難しいのですが、最近はもっぱら100＋1が200になるのがブレンドだと語っています。

味覚の世界では基本的な味を五味といいます。甘味・塩味・酸味・苦味・うま味で、このうちうま味は日本人の見出したものです。うま味を発現させる物質として、グルタミン酸ソーダやイノシン酸ソーダの存在は有名で、調味料として用いられます。この両者には面白い関係があって、グルタミン酸ソーダに一パーセントのイノシン酸ソーダを加えるだけで、うま味は二倍になることが知られています。これこそブレンドの妙味といえましょう。ウイスキーの場合も、そんな原酒の組み合わせが存在します。

ここでほんの一パーセント加える原酒は実はあまり出来のよくない原酒だったりします。ブレンダーが最初に何か新しいウイスキーをつくろうとするとき、まずは欠点のない優等生的原酒を選定します。クリーンで香りの華やかな原酒、力強いスモーキーな原酒、フル

ーティが際立つ甘美な原酒など様々ですが、基本的には出来のよい優等生タイプの原酒です。

これらの組み合わせは確かにクリーンで雑味のないウイスキーにはなるのですが、どこか物足りない、線が細いと感じることがあります。そんな時に優等生とはおよそかけ離れた、いわば欠点だらけの原酒をほんの少々加えるだけで、ブレンド後の味わいが全く変わってしまうことがあります。香りの幅や奥行き、表現したい部分がより際立ち、一体感が各段に増す、という不思議な体験をします。

†絶えることのない異端児

これはブレンダーが快哉を叫ぶ瞬間でもあります。ブレンドに関しては優等生ばかりでは駄目なようです。ここで登場するいわば異端児は、一パーセントも加えたら全体を大きく壊してしまうほどのパワーを秘めています。時には〇・一パーセント以下でも十分です。異端児の影響力は絶大で、いくら希釈してやってもその存在感をあらわにします。

悪い奴ほどよく伸びる、という表現がピッタリで香味の伸びがよいのです。このような異端児はどのような製造条件、環境の下に生まれるものか、よく分からないことが多いものです。蒸溜所で原酒を日々つくっている人たちが目指しているのはあくまで優等生です。異端児はまさに偶然の産物なのです。

偶然の産物ということはつくり方が分からないということでもあります。使い切ってしまったら大変と思われるでしょうが、不思議と次から次へと異端児は生まれてきます。なぜ絶えることなく生まれてくるのか、私はこう考えています。

現場のウイスキーづくりは常に優等生的な原酒を目指しています。より高品質の原酒づくりを目指すということは、何かが実現できたら完了といったものではなく、いわば永遠の課題ともいえます。そのため現場ではしばしば生産実験が行われます。実験ですから常によい結果が出るわけではありません。時にはブレンダーが将来どう使ってやったらよいのか、頭を悩ますような原酒も生まれます。

当初は欠点だらけ、とても単独では使いものにならないと思うのですが、実際にはこんな暴れん坊のやんちゃ坊主が一滴で全体を変えてしまうような貴重な原酒になったりします。つまり、もっと美味しいウイスキーをつくろうと思い、実験を繰り返す限りは、ブレンダーが最後の切り札として頼む原酒に事欠くことはないのでしょう。

†欠点よりも、魅力が大事

酒の世界では、特につくり手の世界では、酒の欠点に注目することが多く、そのため酒を評価する言葉も欠点を表現することに片寄りがちです。実際、評価用語も欠点を表現するものは沢山あります。〝メタリック〟〝ダイアセチル〟〝カビ〟〝シート〟〝生木〟……などいくらでも出てきそうです。

一方、ソムリエのワインに関するトークは、魅力的な表現に終始しており、ウイスキーのつくり手としては大いに見習うべきと思っています。少なくとも香りの特徴を語る言葉は極めて多彩で、美味しさを想起させてくれます。時に製造工程の異常に由来する香りまで魅力的に表現してしまう、と言っては言い過ぎかも知れませんが、そう思わされるほど豊かな表現力を持っています。

ところで、欠点は一旦意識しはじめると気になって仕方がなくなるものです。そのため、その欠点となる香味に対する検知能力がどんどん高まってしまう傾向があるような気がします。私にしてもごく微弱な欠点臭を見つけると、見逃さなかったという意味合いも含めて、妙に安心してしまう傾向があります。これは一見好ましいことのように思えますが、実際にはお客様の感覚とずれていく可能性をはらんでいます。

欠点の除去ばかりにとらわれ、それを取り除くことに心を奪われ、最終的に香味のやせた、線の細い酒をつくってしまうことが多い、というのも私がブレンダーとして得た教訓です。

†欠点を長所に変える

長年ブレンダーとしてウイスキーに接してきた今では、ブレンダーは気になる欠点も長所の一部に変えられるよう、足し算をイメージしながらウイスキーの香味設計を行うべきだと考えるようになりました。

欠点と感じられる要素は残しながら、気になる部分が表面に出ないようマスキングすることで、味わいの厚みは格段に上がります。その点は原酒の開発、製造にあたる技術者とは酒の見方、接し方が異なるといってよいかもしれません。日常の仕事の中ではまずは気になるところ、欠点から認識されていくのは当然ですが、その上で、その中に存在する良さを見つけだし、その個性を活かし、伸ばす工夫をしたいものです。

酒の評価に限らないかもしれませんが、欠点を指摘するほうが簡単で気分的にも楽であるように感じます。褒めるということは、自分のウイスキー観、世界観をさらけ出すことでもありますから、評価者としては褒める方が難しく、勇気がいることが多いように思います。もちろん、何でも褒めればよいというわけではありませんが、常に長所を見つける努力をすることが、結果的によいものを生み出す、と信じたいものです。

本当は人の世界、組織も同じかもしれません。人材活用もこのようにありたいものですが、この点に関しては残念ながらとてもチーフブレンダーの域には至っておりません。難しいものです。

†貯蔵庫に眠る原酒に無駄なものはない

最終的にブレンドの完成度を上げるのは欠点だらけの原酒であることが多いといいました。このことはブレンドには素材の多様性が不可欠であることを表すものであり、変わり者(?)の存在意義を示唆するものです。また、優等生の枠からはみ出した自分自身に勇気と希望を与えるものでもあります。とはいうものの、九〇パーセント以上の原酒は優等生であって欲しいと思っています。

ブレンダーを約二〇年経験して「貯蔵庫に眠る原酒に無駄なものはない」と感じるよう

になりました。どの原酒にも活躍の場はある。もちろん、欠点だらけの（同じような）原酒ばかりが大量に存在すると困りますが、活躍の場を見つけられないとしたら、ブレンダーの力不足かもしれない、と思うことにしています。

存在するということは、その時点できっと何らかの意味合いをもつのでしょう。こう思うことでブレンドは私にとってより面白い世界となり、追求し続けなければならない世界となります。

†熟成の不思議

蒸溜直後のウイスキーに比べて熟成後のウイスキーの姿は、香りは甘く華やか、単調な香味は一層複雑さを増し、口に含んだ時のまろやかさやスムーズな喉越しを持つようになり、全く異質な液体に変化していると感じます。

貯蔵中のアルコール度数は六〇パーセント近くありますので、そのまま口に含むとピリピリ、チクチクといった刺激感や収斂感《しゅうれんかん》を伴うのですが、熟成後は樽から抽出されたタンニン、ポリフェノールなどの苦味は感じ入るものの、嫌な口中の刺激はほとんど感じなくなります。

この間、樽の中で起こっていることは、
①アルコールの蒸散
②樽材成分の抽出
③酸化やエステル化など様々な化学反応
④水分子とアルコール分子の構造化
などが考えられています。

†世にも絶妙な天使の分け前

貯蔵中のウイスキー原酒は樽にしみ込み、材と材との接触面や木材の道管、放射組織などを通じて蒸発していきます。当然貯蔵庫内の温度によって変わりますが、山崎や白州蒸溜所などの場合、その量は年間二〜三パーセントにも及びます。この蒸発するウイスキーを「天使の分け前」と呼びます。大変もったいない話ですが、この蒸発を意図的に抑えようと、たとえば樽の表面をビニールなどで被覆してしまうとまともな品質の原酒になりませんので、やはり一定量の天使の分け前は必要なのです。

樽はバニラやココナッツの香りなど、ウイスキーにとって重要な香り成分や味わい成分を提供してくれます。天使の分け前を考えると樽材を細かくチップ状にしたものをステンレスタンクに入れたら、といったこともすぐに思いつきます。しかし、適度にエチルアルコールが蒸発しながら他の蒸発しにくい香気成分が自然に濃縮されていくことが重要なのです。

†末は角瓶か響か

蒸溜ロットが同じで同じ種類の樽で熟成されたとしても、将来の使い道が同じとは限りません。同じ貯蔵庫に寝かされたとしても置かれた位置によって熟成の進み方は全く異なります。同種の樽の場合、熟成を左右する最大の要因は温度と湿度です。温度は高いほど熟成は速く進む傾向にあります。湿度は原酒のアルコール度数に大きな影響を及ぼし、湿度が高すぎるとアルコール度数は下がる傾向にあります。反対に乾燥した場所に置かれた樽はアルコール度数が上がる傾向にあります。貯蔵庫内は天井近くと地面近くでは温度、湿度の差は大きく、十年単位の熟成期間では非常に大きな影響を受けます。それ以外にも庫内の東西南北、窓の有無なども微妙に影響を及ぼします。その結果、生まれは一緒なのに結果的に『角瓶』になったものと『響』になったものが現れたりと、大きな違いを生じることもしばしばです。

育ちの違いが出た、ということなのですが、角瓶に使われたからといって未熟な原酒というわけではありません。一〇年以下でも熟成のピークに達したので角瓶に使われたのです。生まれたときは、これは長期熟成タイプ、これは早熟タイプといった区分けはあるのですが、育ちによって全く異なる結果が待っていることになります。結局一二年ほどすると樽は一樽一樽微妙に異なるものとなり、個別に進路が決まっていきます。

生まれは一緒でも育ちの違いで将来が全く変わるといいました。数年すると樽はそれぞれの個性を主張し始めます。ウイスキーが樽の中で過ごす時間を人間の成長に喩《たと》えるなら、どのくらいに相当するでしょうか。これはブレンダーによって意見が異なるかもしれませんが、私はウイスキーの一年は人間の三〜四年と思っています。

一二年ものはまさに働き盛りの壮年期です。それではもっと貯蔵を重ねるともっと個性が際立ってくるのでしょうか。どうもそうではなさそうです。樽香は一層強くなり、香味成分はさらに濃縮されていきますが、一方で角が取れ若い原酒のもつ味わいの力強さは失われていきます。いわば枯淡の境地とでもいえそうです。ここまで行くとまた樽の個性はよく似たものに戻っていくような気がします。

生まれたばかりの赤ん坊は皆同じように可愛らしく、年とともに個性が際立ちますが、平均寿命を越える頃には見た目はまた同じような風貌に戻っていく。人の一生も樽の一生も良く似たもののように思えるときがあります。

2 「プロがつくる本当に美味しい水割り」の開発

日本のウイスキーは世界に例をみない〝水割り〟というスタイルで発展し、今日の繊細でバランスのよい味わいを実現してきたといってよいでしょう。ところが、世界的には低アルコール度数のウイスキーは製品としては認めないというのが常識です。日本では一九九〇年以前の酒税法でも、一〇パーセント程度の水割りを商品化することは不可能ではなかったのですが、アルコール度数は低くても三七パーセントのウイスキーと同じ酒税をかけるという規定になっていました。

お客様が自分で水割りをつくれば払わなくてもよい酒税を負担していただくことになるのですから、商品化は現実的に不可能になっていました。それが、一九九三年の酒税法改正により八〜一二パーセントという限られた範囲ですが、逓減《ていげん》税率が適用されることになります。

ウイスキーがほとんど水割りというスタイルで飲まれていた日本では、大変画期的な出来事でした。各社がこぞって水割りの新製品を商品化しました。

そこで弊社が目指した水割りウイスキーの味わいのコンセプトは「プロがつくる本当に美味しい水割り」でした。しかし、これは技術的には極めて困難な課題です。バーでプロのバーテンダーの皆さんがその場でつくる水割りと、あらかじめ水で割ったウイスキーとは味わい的には全く似て非なるものです。水とアルコールの会合状態（水分子とエチルアルコール分子の存在状態）が異なっていると考えられ、口当たりのまろやかさ、口中の刺激感などが全く異なったものとなります。

最終的には「プロがつくる本当に美味しい水割り」から「美味しい低アルコールウイスキー」と自分なりに解釈しなおして中味完成を目指しました。

また、この商品化の難しさは、製品のアルコール度数を下げると香味成分が濾過工程で失われることにあります。それをいかに最小限にとどめ、しっかりした味わいを残すか、という難しい課題も同時にクリアしなければなりませんでした。これも技術的には大変困難な課題であり、結局新しい濾過方法を開発するに至りました。既存のウイスキーを名乗らなければ大した問題ではないのですが、『白角』の水割りとか『リザーブ』の水割りと名乗った瞬間に大変大きな課題となります。

当時大きな話題となった水割りウイスキーは、残念ながら期待したほどの大きな市場の形成には至りませんでしたが、缶入り製品はアウトドアや電車・バスの中など、これまで水割りの飲めなかった場面での飲用を可能にしたという意味では大きな意義があったと思います。

3 スーパープレミアムなウイスキーとは

†ウイスキー一本、三〇〇〇万円!

水割りが気軽にいろいろな場面でウイスキーを楽しむ商品とすると、その対極にあるのはスーパープレミアムな世界です。そんな商品化の代表として『山崎50年』や『響35年』といった商品が挙げられます。いずれも一本一〇〇万円として売り出され、広報発表するやいなやごく短時間で完売してしまったことが強く印象に残っています。

日本のウイスキーに注目の集まる今、日本のスーパープレミアム製品が大変なことになっています。『山崎50年』は二〇〇五年、二〇〇七年、二〇一一年の計三回発売されましたが、いずれも完売で、最近の香港のオークションで三〇〇〇万円を超える金額で落札されました。たかだか一本のウイスキーに、驚き以外の何ものでもありません。それではこのウイスキーを開発した当時のことを振り返ってみましょう。

†今までに出合ったことのない美味さを創り出すために

一本のウイスキーに一〇〇万円出すというのは、私にもなかなか想像できない感覚です。ホテルのバーなどで飲むとしても、シングル一杯（三〇ミリリットル）が一〇万円を超しても不思議ではありません。僅かグラス一杯の値段が一〇万円であることに納得していただけるウイスキーとはどのようなものか、最初のうちはそこで思考が止まってしまいました。

新製品を開発する際には、まずはその商品のユーザーをイメージし、飲用されているシーンを思い描くことから始まります。この商品を購入される方は、よいと思うものには出費を惜しまない人であり、ウイスキーに限らず日常的に質の高いものに触れている方でしょう。あるいはウイスキーの熱狂的なファンで、ウイスキーファンの間で評判になっているような商品は何としてでも手に入れなければ収まらないという方かもしれません。いずれにしても彼らを納得させる質の高さが問われていることは確かです。

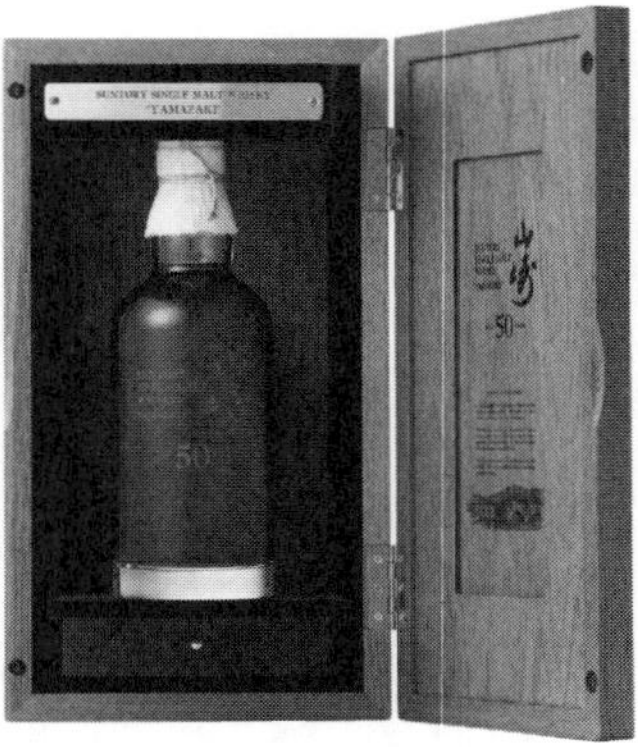
2005年発売の『山崎50年』

一口の美味さと一杯の美味さ、一本飲み切って感じる美味さは違う、これは私のウイスキー観でありブレンド観でもあります。しかし、一本一〇〇万円となると、一口以前の美味さが問われるのではないでしょうか。

グラスを口元に持っていく段階で、これまで飲まれたどんなウイスキーとも明らかに違う、そんな驚きが不可欠だと考えました。驚きの大きさが価格となるはずで、この新鮮な驚きが感動につながっていく、そんな中味でありたいと思うようになります。そのためには従来の延長線上ではない香味のインパクトが求められます。しかし、これは口で言うほど簡単なことではありません。香味設計の難しさを痛感することになりました。

†五〇年ものの原酒

原酒は五〇年を超える超、超古酒です。枯淡ともいえるその味わいは、ある意味ではスピリッツの力強さには欠けているとも言えます。しかし、長時間かけて凝縮された香りの複雑さ、豊かさは際立っています。樽の数は限られていましたが、それでも数樽使えたのは大変な幸運でしたし、これがなかったらこの商品は世に出ることはなかったでしょう。希少価値だけでなく、実際に酒としての美味さがある、この点には最大限こだわりました。長期熟成原酒のガラス細工のような繊細さは、かつて経験したことのないヴァッティング（ブレンド）でした。五〇年もののウイスキーをつくる機会に恵まれるというのは、世界中のブレンダーでもそうないはずです。後熟工程から濾過、瓶詰めまで品質確保のためのあらゆるスキル・経験が問われる仕事ではありました。

五〇年ものの原酒というのは、スコットランドに比べて夏場の暑い日本では通常ではあり得ないといってよいでしょう。貯蔵中の原酒の育ち具合を常に細心の注意を払って見守り、時には貯蔵場所を変え、時には良質の樽に詰め替えるといった手間ひまを惜しまないことで、初めて生まれるものです。この点では、ブレンダーも樽を預かる蔵人たちも

〝超・過保護な親〟に徹する必要があります。

半世紀前の蒸溜所で活躍していたつくり手たちの苦労を世に問う、素晴らしい体験でした。

4 ウイスキー、需要と供給の難しい関係

†一〇年後のトレンドを予測できるか

ウイスキーが他の商品の生産と大きく異なるのは需要と供給のバランスをとるのが大変難しいということでしょう。ここでの難しさは大きく分けて二つあります。ウイスキーはスタンダードクラスの製品でも一〇年近い熟成の原酒を配合します。ということは一〇年後のお客様の嗜好の変化を予測して原酒づくりが出来るか、ということになります。ウイスキーの需要は一定だとしても、シングルモルトが売れているのか、またエコノミー製品が売れているのか、また香味が軽快で飲みやすいタイプの製品が売れているか、はたまた重厚なタイプか、などなど求められる原酒のタイプは大きく変わってきます。世の中の変

化が激しい現在では非常に予測困難なことはご理解いただけると思います。

もうひとつはウイスキーというカテゴリー全体の動向が予測困難なことです。一九八〇年代前半をピークとして日本のウイスキー市場は長い消費低迷の時代を味わいました。想定以上に市場がシュリンクした場合は当然原酒在庫は過剰になりますので、在庫調整のため蒸溜数量を減らすことになります。逆に、一〇年先に市場が予想以上に大きく伸長した場合、原酒在庫は一気に不足状態に陥り、大きなビジネスチャンスを逸することになります。市場の拡大はありがたいことですが、原酒の供給には限りがありますので、一定の品質を確保しようとしたら供給量を制限する以外にありません。

†業界内の知恵

SWA（Scotch Whisky Association）のレポートによると、イギリス国内の二〇一五年時点の貯蔵中の原酒量は三九〇万二〇〇〇キロリッターアルコール（純アルコール換算）です。一方、イギリス国内外で消費された原酒の総量は約三五万キロリッターアルコール程度を消費していると思われます。天使の分け前を無視するなら、十一年近い原酒を保有していることになります。これは長い間の経験で身につけた、常に確保すべき原酒の在庫量を表しているのでしょう。基本的にはスコッチタイプのウイスキーという点では日本も大きな違いはないと考えます。ですから需要の増大に応じて製品を供給することは可能なのですが、そこで無理をすると数年も経たないうちに品質、供給量ともにガタガタになってしまいます。

スコッチウイスキー業界は古くから業界内で原酒の交換、売買をする習慣がありますが、これは業界全体で在庫の変動リスクを最小限に抑え、ウイスキーの価値を守るという意味では大変賢明なやり方といえましょう。いずれにしても、常に成長し続けるためにどんな打ち手が考えられるか、が問われるということでしょう。

嗜好の変化にどう対応するかという点に関しての私の考えは以下の通りです。嗜好の変化、その方向性に限らず常に原酒品質の多様性の確保に努めること。また、ブレンドという意味では、香味の重い、重厚な原酒から軽い製品はつくれても、軽いものから重いものはつくれません。ですから、常に原酒は香味のリッチなフルボディタイプの原酒づくりを目指して、技術を磨き続けることが必要ではないでしょうか。サントリーの場合、一九八〇年代に発酵タンクを木桶に、また蒸溜を直火方式に戻すといった、伝統的な製法にあえて回帰したことが功を奏したのではないかと思っています。

ウイスキーに限らないでしょうが、市場はまさに生き物です。長期的視野に立って品質と供給を考えるというのは本当に難しいことですね。

第六章
私のものづくり哲学

この章では私がこれまでウイスキーづくりに関わってきた中で得た教訓、というか初めからこうやっていたらもっと良い仕事ができたと思うことを書きたいと思います。少々口幅ったいことを書きますが、これもみな定年間近になってようやく思い至ったことばかりです。辛抱してお読みいただけましたら幸いです。

1　繰り返しの中から見えてくる

†気づきや発見から、何を摑み取るか

ブレンダーの日常は熟成中の原酒のチェックやテストブレンドの繰り返しです。ブレンダーとして数多くのテイスティングを重ねると、正直なところテイスティングする前に、結果が予測できないでもありません。頭のよい人ほど、日々のテイスティング結果がきれいに整理され、頭の中でしっかり体系づけられるでしょうから、やらなくても結果は見えていると思いがちです。

しかし、不思議なことに同じことの繰り返しのように思えるテイスティングには、いつ

になっても新しい気づきや発見があるのです。同じサンプルをテイスティングしていても、ある日突然に違うものが見えたりするものです。それは長年やり続けたからこそ気づくことであり、より深い発見に出合えるように思えます。また、新たな気づきや発見は段階を踏んで深化していくようで、一足飛びで高いレベルにはいかないように思われます。上司や先輩から説明を受けたからといって彼らと同じレベルに達することはないようで、結局のところ自分自身が体感し、納得する過程を積み重ねるしかないようです。

ブレンダー室にて

熟成させた原酒の品質は蒸溜したての原酒（ニューポット）そのものの品質、樽や貯蔵環境など様々な要因の影響を受けて異なったものとなります。一二年も寝かせたら一樽一樽みな個性が異なるといってよいでしょう。

テイスティングを繰り返していると、頭の中で「生まれたての原酒も五年たったらこう変化する、一〇年たったらおよそこういう品質になる」と体系化されていきます。しかし、毎日テイスティングを繰り返していると、時には自分のイメージしている品質の体系から外れる原酒に出合うことがあります。これは大変重要なことで、それがなぜ生まれたかを検証することで、体系がより精度の高いものに更新されていきます。

ブレンダーのスキルはある意味では愚直に数をこなさないと上がっていかない、といってよいでしょう。そういった意味ではブレンダーは非常にロジカルな人にはあまり向かない仕事なのかもしれません。自分自身で「酒の見方が進歩した、スキルがアップした」と感じる瞬間があります。これは人から教わって身につくというより、体感の積み重ねで身につくものです。自分が体感することが何よりも肝心なのです。

†四十代からのブレンダー人生

私は四〇歳を過ぎてからブレンダーになりました。これは少々遅すぎたと思っています。一人前のブレンダーになるのには一〇年はかかると思います。ベテランブレンダーたちと同じようなテイスティング力を身につけるのは簡単ではありません。しかし、ブレンダーの日常的な品質評価の言葉を自分のものとし、評価尺度まで共通なものとしない限り、日常的な会話さえ成り立ちません。ですから、私がブレンダーになった当初はベテランブレンダーと一緒にテイスティングしながら、彼らの評価と自分の評価のすり合わせに終始しました。

ブレンダーは毎日、一〇〇、二〇〇という単位でテイスティングを行いますので、すり合わせの機会には恵まれています。それでも、評価力の向上には多大のエネルギーと時間を必要としました。蒸溜所で原酒づくりを担当していた時の品質評価と、製品をつくるためのブレンダーの評価には根本的に異なる部分があります。この点は第五章でも一部ふれたとおりです。

ウイスキーを評価する言葉のひとつに「木香」という言葉があります。文字通りとらえるならば、熟成中に樽から抽出されるオーク材由来の香り、ということになります。ウイスキーの評価用語としては高頻度で現れる、大変重要な用語です。私はブレンダーになる前、樽や貯蔵に関わる仕事を長い間やってきましたので、木香という言葉にも自分なりのイメージがありました。しかしある時、ベテランブレンダーたちが強い、弱いといっている木香は単なる香りではなく、味も含んでいることに気づきました。むしろ味の方をより重視しているように感じました。こんなことくらい最初に教えてくれればよいのに、と思ったりもしましたが、毎日仕事をしている人間にとっては改めて説明する必要などない、常識以前の問題だったのでしょう。この単純な気づきを境として、私の品質評価とベテランたちの評価の距離は一気に近づくことになります。

†日本を代表する舌、鼻を鍛える

私たちサントリーのブレンダーは日々の官能検査をテイスティングと呼びます。これは検査すべきサンプルがいくつかあろうと必ず口に含むからです。これに対してスコッチウイスキーのブレンダーはノージングという言葉を使うことが多いように思います。彼らの仕事がより嗅覚主体であるからでしょう。

嗅覚と味覚では疲労の度合いが全く異なります。一〇〇、二〇〇という単位のサンプルの味わいを正確に評価するということは大変難しいものです。数をこなすことで味の評価力を高めるというのは容易なことではありません。味わいの評価は舌で感じる甘さや苦味、酸味だけでなく、ウイスキーにとっては口中全体で感じる渋味や辛味、収斂感《しゅうれん》、温感なども極めて重要です。テイスティングを重ねるうちに渋味や収斂感などの刺激感は嗅覚でも感じ取れることに気づきます。その精度を高めることで、味覚の疲労、負荷を下げることになります。

一人前のブレンダーとして、ウイスキーがブレンドできるようになるには一〇年はかかるといってよいでしょう。それは蒸溜したての（生まれたばかりの）原酒が一人前に育っていく時間と変わらない、ともいえます。一人前のブレンダーになるべく試行錯誤してきた時間は、将来の中味開発のスピードアップと完成度の高さにつながっていくのです。

2　面倒くさいと思うことの中に本質が潜んでいる

†手間ひまかけて、かつ安価で

ウイスキーのような嗜好品の世界では、面倒くさいと思わず、手間ひまをかけることが大切です。細部にまでこだわり、手をかけたことによる品質向上はなかなか実感しにくいものですが、手を抜いた時の品質低下はお客様にも分かってしまいます。実に不思議なものです。

嗜好品とはいえ、品質だけにこだわっていればよいというわけではありません。よいものをできるだけ安価に提供することは、ものづくりの基本でありメーカーとしての使命でしょう。しかし、手を抜いてもよい部分と、絶対手を抜いてはいけない部分があるように思います。手間ひまかけることが、細部の品質のレベルを高め、その積み重ねが最終的には大きな付加価値を生み出すと信じています。

私の経験では効率化と品質向上が両立した例もあるのですが、概して品質低下を招いた例が多いように思います。先輩から引き継いだ仕事のやり方や作業標準、マニュアルなどには何でこんな面倒くさいことを、と感じることがしばしばあります。そんな時はその意味あいを理解することが肝心です。過去から引き継いだ仕事の中には、科学的な根拠が曖昧なものもあることでしょう。嗜好品づくりの場合、サイエンスの大きな役割は、変えてはいけないこと、変えるべきことを明確に峻別することなのだと思います。

†現場業務でこそ学べた

私が入社して初めて担当した現場業務は中味の製造でした。四〇年以上前のことです。ウイスキーが右肩上がりの時代であり、『トリス』『レッド』から『オールド』『リザーブ』までとにかく大量の中味を製造する毎日でした。私のいた多摩川工場ではブレンダーの指示書に従って、モルト原酒やグレーン原酒を混和し、更に加水して規格どおりの中味に仕上げていました。そして、原酒や水を混和したあと一定の期間貯蔵されます。先にもお話ししたようにこの期間は後熟と呼ばれています。中味を安定化させるのに必要な時間です。そして味わいを馴染《なじ》ませた後、きれいに濾過されて、瓶詰めに供されることになります。

私が不思議に思ったのは、この後熟期間が製品によって異なることでした。エチルアルコールと水は混ざりやすいものと思っていた私にとっては、高級な製品ほど後熟期間が長い、たとえば『角瓶』と『オールド』の後熟期間でさえ違うということの意味が理解できませんでした。

現在はさまざまな分析技術が発達し、成分面だけでなく液体を構成する分子の構造面からも研究が進み、まろやかさの秘密が解き明かされようとしています。どうやら水分子とアルコール分子は混ぜようとしてもそれぞれの分子がランダムに存在するわけではないようです。どうも水とアルコールは簡単には混ざりにくいもので、高級なウイスキーほどその傾向が強いような気がします。昔のブレンダーは、味覚や嗅覚だけで後熟期間と品質の違いを認知していたのでしょうから、これには脱帽せざるを得ません。

†「変える」ことのメリットとリスク

工程を効率化することで品質が上がり、コストが下がるという例もありますので紹介したいと思います。ブレンドという工程は、品質の異なる原酒が何十本ものタンクに入っていて、それをレシピに従って一本のタンクに集めるという行為です。基本はタンクからタンクへの中味の移動ですから、できるだけシンプルなプロセスで、作業も単純にした方が品質も良くなる傾向があります。設備の増設や変更を繰り返すと、予想以上に作業の無駄が増え、雑味や雑臭をひろってくる可能性が増してしまいます。その意味では作業の効率化やコストダウンが品質の向上に結びつく典型的な例といえます。

一般的に品質の変動は短期的には分かりにくいことが多く、小さな工程条件の変更を繰り返した結果、大きな香味損失に結びつくリスクをはらんでいます。そして、一度失ったものを元に戻すのは極めて困難で、完全には元に戻らないといってもよいことは覚えておくべきでしょう。ただひとつの工程、ただひとつの作業だけが変化するだけならばともかくとして、現実のものづくりの現場では設備は時間とともに劣化しますし、いろいろな事項が同時に連続的に変化していくのですから。先輩から伝えられた仕事のやり方を変える際は、なぜそんな仕事のやり方をするようになったのか、その背景にあるものや、変えた後の影響などをしっかり検討する必要があるのです。

自分でも面倒くさいと思うようなことを他の人に、時には他部門の人に頼まなければならない、といったことも多く発生します。しかし、本当に必要と思ったら、その手間を現場にもきちんと説明し要求しなければなりません。

†その一手間こそが、物語となる

ものづくりに関わる人間は、より高い品質のものを一円でも、一銭でも安く提供するのが使命です。もちろん、ブレンダーも同様の役割を担っています。当然一円単位のコストダウンは大切ですが、商品開発者としては商品そのものの付加価値を上げて、一〇〇円、一〇〇〇円高くても売れる商品をつくることにより多くのエネルギーを注いではどうでしょうか。細部にこだわり、手間ひまを惜しまない仕事も、付加価値の向上に結びつくひとつのポイントだと思います。それは商品の周辺の魅力を形成する物語となり、プラスαの魅力を形作っていくことでしょう。

また、一見面倒と思える仕事のやり方は、安全・安心に関わる問題で多いような気がします。大きな品質トラブルや事故を起こすと、同様のトラブルの再発防止のために、細かく作業標準や検査標準などが定められます。しかし、どんなに優れたルールも、トラブル発生時の大きな痛みが風化していくと、いつしかその意味合いは忘れられていきがちです。面倒くさい仕事は効率化やコストダウンの格好のターゲットとなりますから、知らず知らずのうちに仕事のやり方が変わってしまい、同じトラブルを引き起こすということにもなりかねません。このような過ちは繰り返したくないものです。

3　新製品づくりは九九回の失敗と一回の妥協

†「攻めの妥協」という境地

商品開発に関わる者はみな同じでしょうが、ブレンダーも常に最高の品質、完成度を目指して仕事をしています。しかし、ブレンドという行為に関しては、私自身一〇〇パーセント満足などとは思ったことがありません。どこまで行っても、本当はこの部分をもっとこうしたい、といった想いがなくなることはありません。ブレンドの最後の判断はどうやって下すのですか？　という質問を時々受けます。確かに、「一〇〇パーセント満足ではないが、最終レシピと決断する」という瞬間がやってきます。その時私が考えるのは、気になる点を改善するためにもうやり残したことはないか、ということです。

ひとつのブレンドレシピを完成させるのに、一〇〇回の試行錯誤を繰り返したとします。そうすると、最終レシピに至るまでの九九回の試行錯誤は失敗の繰り返しということになります。では最後の一回は何なのでしょうか？　最後の一回は妥協なのです。

しかし妥協といってもいろいろなレベルがあります。こんな原酒を加えたらもっと美味くなるのでは？　この原酒の配合割合を変えた方がもっと美味くなるのでは？　という打ち手が思いつく限りは、徹底的にやり尽くすことが必要でしょう。そうすれば妥協のレベルは必然的に上がっていくことになります。つくり手としてはこの妥協のレベルを上げていくことが大切で、これにより次に手がける商品がより品質レベルの高いものになるはずです。キャリアを積めば積むほどに、同じ妥協でも、「攻めの妥協」になっていくことでしょう。

私たちは常に厳しい納期の中で仕事をしています。限られた納期の中でどこまで出来るか、という話ですが、「まだこうしたらよくなるかもしれない」と思ったら、時には納期を破ってでもやるべきではないか、というふうに考えるようになりました。

†ウイスキーの味は発売当時から変わらないのか？

これまで新製品を例にあげてきましたが、これは既存の製品についても全く一緒です。『山崎』『白州』『響』『角瓶』と様々な製品がありますが、ブレンダー的には全ての商品について、もっとこうしたいという改善点をもっています。私たちは毎年少なくとも一回は全製品のレシピを見直します。その見直しの際に、自分の思っていた改善点を何とか解決しようとします。それが単なる配合割合の変更ならよいのですが、必要なキャラクターの原酒が存在しないという場合もあります。その場合、それは新たな技術課題となります。数年後、時には一〇年以上たってからこの課題がクリアされるということもあります。そう考えると、『角瓶』のような八〇年を超えるロングセラー商品は、歴代のブレンダーたちの手によって磨き抜かれたもの、ともいえます。

ウイスキーの味は発売当時のまま変わらないのか、という質問をよくいただきます。私はウイスキーの味はブレンド毎に変わります、ばらつきます、と答えます。もちろんお客様に気づかれないような範囲にとどめているつもりですが。それは樽一樽一樽が微妙に味が違うということでもありますが、それだけではありません。同時にもっと味をよくしたいと思いながら、毎年レシピを見直すからでもあるのです。

新製品開発は商品を世に出すことが終着点ではありません。ブレンダーにとって何らかの改善課題をもった新製品の発売日は、妥協点の改善という〝新たな仕事のスタート日〟となるのです。

4　苦労や思い入れもドライに割り切る

†「美味を追求する」最終目的こそが重要

ブレンダーとして中味配合のレシピをつくることと、そのための素材（ここでは原酒そのものだけでなく、製法も含めます）を開発することは、同じ開発作業ではありますが、モノに接するスタンス、見方が全く異なるように思います。

素材の開発者は、開発対象そのものに対する思い入れは強過ぎるくらいでよいのですが、ブレンダーの場合、開発した素材や技術そのものへの思い入れが強いと、最終的な香味のバランスが崩れてしまっていることが多いように思います。ブレンダーも時には中味の設計と素材の開発を兼ねて仕事することがあります。もしそうなったならば、自分が開発に関わった素材を、いつもより厳しく、よりニュートラルに評価しなければなりません。

日頃、開発者の苦労を目の前で見ていると、なかなか切り捨てにくいものですが、出来栄えに少しでも疑問をもったら、ドライに割り切ることが必要です。自分が開発した素材を商品として世に出し、評価されたい気持ちは開発者としては当然のことです。しかし、「あれだけ苦労したのに、こんなによい素材を作ったのに」という開発者の気持ちは理解しながらも、ブレンダーは美味を追求することを優先しなくてはなりません。手段の面白さにとらわれ過ぎると本来の目的を見失うことにもなりかねません。

プロセス開発の場合も同様です。従来とは異なる新規の製造方法などは、発売時のことを考えると、〝〇〇製法〟などといった宣伝文句がすぐに頭に浮かびます。メッセージ性の強さを思うとついこだわってしまいがちですが、最終中味が本当に美味かどうかを忘れたくないものです。

†『膳』と『座』の開発

ここで私の体験をご紹介しましょう。

前述したとおり、『膳』というウイスキーがありました。『膳』は一九九八年五月に発売されました。和食とよく合う〝淡麗旨口〟という中味コンセプトでした。それまでも日本のウイスキーは水割りでの飲用を想定したもので、食べ物との相性がよいというのは意識してつくり込んでいました。ウイスキーの消費量が減少するなかで、特に居酒屋、和風料飲店などではその傾向が顕著だっただけに、改めてウイスキーを食中酒として見直してもらおうという意図でもありました。一番ハードルの高そうな酸っぱい食べ物、例えば寿司などともよく合う、という辺りに焦点を絞り中味の開発を行いました。

真田広之さんのテレビCMもあり、ウイスキーとしては久々のヒット商品と言われたものです。マーケティング部門から生産、開発、デザイン部門などがプロジェクト的に活動した初めての製品でした。これまでにない開発スタイルでした。従来のウイスキーの味わいにとらわれず、焼酎ユーザーを主要ターゲットに想定したものでもありました。徹底的に消費者調査を繰り返したことも成功要因のひとつだったと思います。樽材の一

1998 年発売の『膳』

2000年発売の『座』

部に杉を使用した樽に寝かした大変ユニークな香味の原酒や、竹炭で濾過した原酒など、これまでと全く異なる味わいのウイスキーに仕上がりました。従来のウイスキーとは全く異なるウイスキーに対して〝和イスキー〟という名前が付けられました。この過程は『サントリーの嗅覚』（片山修著、小学館文庫、一九九九年）に詳しく書かれていますので、興味ある方はご覧ください。社内的には従来と随分異なるテイストに評価は二分されましたが、一般消費者対象の嗜好調査結果が高評価だったことが後押ししてくれました。

その第二弾として登場したのが『座』でした。二〇〇〇年九月の発売で、『膳』の成功をもとに、ワンランク上の〝和イスキー〟という位置づけの製品でした。これはチーフブレンダーとなって初めて手がけた新ブランドでもありましたが、周囲の期待をよそに失敗作となってしまいました。

『膳』同様に、従来のウイスキーにない味わいを目指しました。開発途上の穀物風味の原酒をキーモルトとして中味を設計しようということが開発の初期で決まりました。今でも失敗の原因は味だけではないと思っていますが、ブレンダーとしてはやってはならない過ちをおかしたと思いました。

製法の新規性、味わいの独自性に目を奪われ、本当に美味しいかどうか自分自身が納得していたかの見極めが甘かった、という反省と後悔が残りました。自分自身、開発途上の原酒の出来ばえがまだまだという想いがあっただけに悔やまれます。手法の面白さにとらわれ、冷静な判断が出来なかったのです。

ところで原酒の開発者の名誉のために付け加えますが、実はこの原酒は熟成を重ねた後に、ブレンド素材として大変優れたものになりました。極めて微量でウイスキーの味わいに複雑さや奥行きを与える貴重な原酒となったのです。ところが、そのことに気づくのはチーフブレンダーとして七、八年近く経ってからでした。ひょっとしたらブレンドの割合が適切だったら、当時素晴らしい商品が生まれていたのかも知れません。ブレンダーとしては未熟で、この原酒の活用の仕方がまだ分かっていなかったということになります。

5　自らが感動する場面を積極的につくろう

†日常に組み入れる

お客さんに商品のファンになっていただくためには、人は何に感動するのか、何に共感・共鳴するのか、ということを理解しなければなりません。そのためには、まずは自らが感動する人間でなければならないと思っています。感動の場を積極的に体験したいものです。

私は一年に三〇回以上は美術館へ行きます。と言っても、私の趣味は美術鑑賞です、などと胸を張っていえるレベルではありません。また、コンサートや芝居などにも年一〇回以上行きます。私は蒸溜所のある山崎に住んでいますが、これだけの回数をこなそうと思うと、日常の中で相当意識していないと、実際には足を運べないものです。美術館やコンサートに行くのも仕事のひとつと考えて、意志を込めて行動する必要があります。

しかし、それも最初のうちだけ。時間とともに習慣化していくと、出張のついでにどこそこの展覧会を見て来よう、というふうに変化していきます。東京駅の近辺には素晴らしい美術館がいくつもありますから、帰りの新幹線を待つ間にちょっと美術館に行って来よう、ということも可能です。まずは第一歩を踏み出すことが肝心でしょう。そのうち絵も芝居の見方も変化していることを実感します。私が属するサントリーという会社には世界的なコンサートホールや美術館もあるという点では本当に幸運でした。

†「出会い」を大切に

感動場面で最も多いのは「人物を通して」でした。異業種・異分野にあって、その道の第一人者といわれる人と接して受ける感動、その人から触発されるものは本当に大きいと思います。私の場合、特に創造する人、表現する人、感性を使って仕事する人との出会いは貴重でした。彼らの発する言葉は重く、何度も反芻《はんすう》させられます。その意味合いをしっかりと嚙み締めたいと思わされます。

そのために、「あの人に会ってみたい」と思う人とは意識的に会う機会を求めました。ものづくりに関わる方々の中には、イチローのバットを作る人、即席麵の麵づくりマイスター、スピーカーや楽器づくりの専門家、香料の調香師といった人たちがいました。プロフェッショナルとしてのこだわりや矜持《きょうじ》には感動するばかりでした。

また、小説家、音楽家を始めとして芸術の分野で仕事をされる方々、また人間国宝と評される方々にも多く出会うことが出来ました。自分の仕事の未熟さを素直に感じることができる、素晴らしい反省の時間でもありました。

問題はそのような方にどうやって会うかということになります。セミナーなどはその道のプロに会う絶好の機会です。しかし、大人数が集う場でお会いしても、なかなか思うように質問などできないものです。そこで、社内外のつてなどを最大限に活用して直接お目にかかることにしました。大変貴重な機会ですから、そのような場合は若手のブレンダーも引き連れ三、四人で訪問したものです。改まった会場で話を聞くよりは、相手の職場により近い方が、より生々しい興味ある話が聞けるのは間違いありません。

第一線で活躍される方々のお話は、領域は違っても共通する部分が多いことに驚かされます。自分の仕事を見つめなおす絶好の機会になるでしょう。そして、職場の若手も外の方の意見は素直に聞けるようです。

第一線の方に会うということは非常にハードルが高いように思えますが、それを意識し続けていると意外に実現するものだ、というのが私の実感です。意識しているとチャンスは向こうからやって来るようです。

多くの方々に出会い、ものづくりにかけるマインド、後継者の育成の考え方と実践、プロとしての能力を高めるためにどうするか、ものに接する姿勢、などなど、教えられたことは数限りがありません。

6　答えは現場、現物、現実の中に

ものづくりの現場

ブレンダーとして何か課題がある時、例えばこんな原酒が欲しい、新製品のアイデアが欲しい、想定外の品質トラブルが起こってしまった、……などなど、その答えはものづくりの現場にあることが多いようです。その現場にどれだけ接していたか、現場感覚という か肌感覚の確かさが答えを導くアイデアの源泉となります。私の経験でもアイデアや知恵は本当に困らないと生まれてこないもののように思います。日常的に行われる改善提案などもみな同じでしょう。困り果てた中から絞り出される答えが過去の経験や体感したものに基づくものならば、結局は製造や開発の現場にいた時間と、そこで過ごした時間の濃さが問われることになります。

私の領域で言えば、たとえば、「どこの貯蔵庫のどこにどんな原酒があるか」は、貯蔵庫に足繁く通い、その場の雰囲気を体感しながら、原酒を数多くテイスティングすることで分かってきます。樽個々の品質が頭の中に入っているなどということはありませんが、現場で現物に触れると、圧倒的な量の情報が得られます。それは、五感の全てからもらえる情報だからであり、際立った個性を持った原酒の存在などは自然と強く記憶に残ることになります。

ブレンダーにとって樽に関する知見は大変重要なものです。樽づくりの現場体験も重要で、原木や丸太、製材された材に直接ふれ、その重さや硬さ、製材の状態や材の香りまで感じることに意味があります。たとえばホワイトオークの頑丈な樽材を足の上に落とし、目の飛び出るような想いをすることも大事なのです。そして、最終的には森に行って樽をつくるための原木を見るところまで遡ることになります。

しっかり熟成した原酒をつくるためには、よい樽とよい貯蔵環境が必須です。そこで、ブレンダーたちは今も良質な樽材を求めて、ミズナラの生えている森まで実際に行きます。

シェリー樽のためにはスペインの森にまで足を延ばします。関西の森にもミズナラの木は存在しますが、樽に加工できるような素直に真っ直ぐ生育した木を目にすることはほとんどありません。求める木が存在する雰囲気を体感するのは重要なことです。よい樽をつくるには、森を見、木を選び、製材の仕方を知らなければなりません。どんどん源流に遡るとものの見方も深まっていきます。「樽は樽屋さんにお任せ」ではいけないのです。

現代は品質が良いだけではモノが売れない時代といわれます。お客様の共感を呼ぶプラスαの価値が不可欠となります。嗜好品であるウイスキーに至ってはますますその傾向が高いと言ってよいでしょう。現場の仕事のやり方に見られる工程の細部にまで及ぶこだわりそのものが、商品の魅力に大きく関わってくるといってよいでしょう。ものづくりの現場情報は、時として商品の付加価値を高める大事な言葉にもつながります。

商品の付加価値を高めるネタ（要因、ヒント）は製造工程のあらゆる部分に存在します。すべては美味に収束させるためです。現場、現物、現実に直接触れたいものです。

†お客様の現場

つくり手としてのブレンダーは、ものをつくる現場と、マーケット（飲み場）の両方の現場感覚を併せもつことが重要です。

市場での現場感覚をつけるにはお客様の生の声を聞き、お客様がウイスキー以外の酒類も含めて、抱いている不満、満足を肌で感じることが重要でしょう。

私は、市場調査にはよく行く方だと思います。特にバーです。バーテンダーの皆さんはブレンダーにとってはウイスキーの魅力や個々の商品の魅力を直接お客様に語っていただける大切なアンバサダーです。同時に、私たちつくり手にお客様の声を伝えてくれる仲介者でもあります。腹蔵なく話ができるバーテンダーの存在は何物にも代えがたいといえます。

私の職場は山崎蒸溜所ですが、仕事で東京に行く機会は結構ありました。出張の帰りを利用してバーを訪問します。訪問先はこれまでにセミナーや蒸溜所見学に来られた皆さんの店であり、時には雑誌で紹介された店を選ぶことになります。その先はバーテンダーさんによい店を紹介していただくのがよいでしょう。実際の訪問は開店後の早い時間に一人で行きます。バーテンダーとじっくり話ができ、知り合いになれるからです。また、早めに一人で飲んでいるお客様は大事な情報源となります。体力が十分あった頃は、東京出張の帰りの新幹線は常に最終をとっておき、今ではとても考えられませんが、二、三軒のバー訪問をノルマにしていました。

とにかく一人で訪問することに意味があります。同じ職場の人間ばかり、特に数人で連れ立って行ったりすると、ついつい内輪の飲み会になってしまい、十分な情報が得られないことが多いと思います。もちろん、職場の仲間とのコミュニケーションは重要ですから、目的をはっきり意識することが重要となってきます。さらに言えば、本当に今後とも個人的にお付き合いしたい、様々なアドバイスや情報をいただきたいと思うようなバーの場合は、職場から離れ、個人としての立場で行く方が良いと思っています。

自分が実際に現場に出向いて体感した情報を持っていないと、事業部、マーケティング部門と対等な意見交換ができないし、新たな商品アイデアも出てきにくいものです。

ところで、私が出す年賀状は毎年三〇〇〇枚を超えますが、そのうち約半数はバーテンダーを中心とした皆さんです。彼らは弊社製品のよき理解者であり、時にはアンバサダーであり、時には商品開発アイデアの提供者であり、私にとっては大切な師匠なのです。

7　美味しい酒をつくりたいという強い気持ちを持ち続ける

†高い意識こそが五感を磨く

次世代のブレンダーをどうやって育てるのか？　後継者の育成に関してもしばしば質問を受けます。どういう人を次のブレンダーにしたいかを考える時、最初に私の頭に浮かぶのは「マインドとセンスのある人」ということになります。センスはブレンド業務を一緒にしてみないと分からないものですが、マインドは周りから見ていると分かるものです。「美味しい酒をつくりたい」という強いマインドは、ブレンダーとして欠かせない必要条件といえるでしょう。

なぜ強いマインドが必要かご説明しましょう。ブレンダーの仕事はつまるところ自分の味覚と嗅覚しか頼りになるものはありません。二一世紀の今は分析技術やセンサーなどが随分と発達しました。しかし、美味しさの追求という観点では、人間の五感にはとても敵わないと断言してよいでしょう。日々単調なテイスティングの繰り返しです。単調な作業の繰り返しの中で、酒の見方を深めていくためには、「美味しい酒がつくりたい」「美味しい酒が飲みたい」「自分がつくりたい味わいは何か」と常々高い意識で仕事に臨んでいることが不可欠です。

その道の第一人者から学んだことは「数をこなすこと」の大切さでもあります。センスの良さだけでは補えない。同時に、仕事に臨む態度や姿勢が重要で、それが人を成長させるのでしょう。ブレンダーとしての熟成速度は意識の高さで変わるといえます。困ったとき、悩んだとき、それを解決してくれるのは、数をこなしてきたことによる気づきの多さと深さです。

こういうマインドのしっかりした人は、言われた業務をこなすだけでなく、自ら考動する部分、割合も多くなっているはずです。単調な作業の繰り返しが単なる苦痛ではなくなっているはずです。こういう人たちは上司にとっても安心して見ていられます。これが信頼感、期待感につながり、結果としてよい仕事・よいチャンスにも恵まれることになります。口幅ったいことを言うようですが、この日常の姿勢が、運を自ら呼び込むのではないでしょうか。

†「自分でやってみる」しかない

さて、前段でマインドとともにセンスが大事であることにふれました。美味しさの創造者でもあるブレンダーに、何らかのセンスが必要とされる、というのは皆さんも納得されることでしょう。

ブレンダーのセンスとは何か？　常々考えさせられますが、明快に言葉にすることができません。味覚、嗅覚が優れていることだけではなさそうです。味覚、嗅覚に関しては基本的な能力さえ持っていれば、日常の業務を通じていくらでも鍛えられていきます。魅力的な製品を創り出し、一人でも多くのウイスキーファンを増やしていくには、官能評価力の高さ以外に必要なものがありそうです。この漠然とした能力を敢えてセンスと一くくりにしてしまいますが、実務をやらせると意外と容易に見えてくるような気がします。

サントリーの創業者であり初代マスターブレンダーである鳥井信治郎社長から、二代目マスターブレンダーとなる佐治敬三《さじけいぞう》社長へのブレンドの継承、伝承は非常に興味あるところです。一子相伝の世界がありそうな気がします。このことに関して、佐治氏は講演の中で次のように語っています。

「『ブレンドは教えてもあきまへん、自分でやってみなはれ、やれるやつはやりよる』というのが親父の口癖でございましたが、全くその通りで、ブレンドの仕事の厳しさは全神経を集中してかかってもなかなかうまくいかない。何百回、何千回という失敗の連続から突然に光明を見出すという、精進努力がものをいう世界でございます」

これは大変興味深い言葉であり、今日チーフブレンダーの継承も全く同じだと思っています。大事なのは「美味しいウイスキーがつくりたい」という強いマインドをもった人間を選別し、実務を体験させることでしょう。その場を提供することが前任者の大きな役割と心得ています。マインドとセンスのある人間は、教えなくても自ら学習し、高みに到達していきます。

ブレンダーのセンスに欠けていると判断されたからといって、その人の能力が劣るわけではありません。工場から日々出荷される製品の最終的な品質チェックは極めて大事なものです。ここでの官能チェックがおざなりにされると、商品の回収に至るような大トラブルが起こりかねません。酒類の最終的な出荷検査は今もって人間の五感に頼らなければならないだけに、そこには優秀な人材が不可欠です。繊細な味覚、嗅覚を持った貴重な人材は、ブレンダーの分身として出荷判定時の最後の砦として活躍しています。

組織は優秀な人材を獲得すると自らの組織に人材を囲い込んでしまいがちですが、優秀な人材に最適な活躍場所を提供するのが管理者の役割と思いました。

8　目指すべき姿、自分の評価軸をぶらさない

†一途さと、矜持

目指すべき姿は経験を重ねることによって段々はっきりしてくるようです。ウイスキーの新製品を開発する際に最も大切なのは、製品コンセプトをしっかり咀嚼し、そこから具体的な中味イメージを創り出す過程にあると言ってもよいでしょう。ここでのイメージが明快であるほど、最終的な製品の完成度は高くなると思っています。特にプレミアムクラスの製品開発に関しては、その傾向が強いと思います。

山本兼一《やまもとけんいち》さんの書かれた小説『いっしん虎徹』は私の愛読書のひとつです。数多くの大名、武士が競って所望したという伝説の刀鍛冶、長曾禰《ながそね》興里《おきさと》こと虎徹が鉄と共に歩み、己の道を貫いた生涯を描いた小説です。驚かされるのは、その専門的な技術の説明であり緻

密な描写です。虎徹の仕事に対する一途さとプロとしての矜持は、ものづくりに関わるものの基本であると思いました。その虎徹が自分の目指す刀は何か、生涯を賭けて追い求める姿はウイスキーづくりとまったく同じだと思いました。虎徹にして自分の求める理想の刀のイメージがはっきりしてくるのに時間がかかったというのは、ある意味安心させられました。

私の場合、チーフブレンダーになりたての頃は、はっきり言って明確なイメージをつかむことがなかなか出来ませんでした。しかし、ブレンダーとして様々な製品開発や既存製品の品質向上に関わるうちに、このイメージ力が上がっていき、目指すべき姿が明確になっていきました。もちろん、キャリアとともにこの姿はより高いものに昇華されていくことでしょう。ブレンドの一〇〇点はないと思うだけに、ここでのイメージは重要です。

ウイスキー観そのものや、目指すべき姿へのこだわりの強さ、その結果としての日常の取り組みが製品の価値を上げることになるでしょう。近年日本のウイスキーは海外のコンペティションで連続して非常に高い評価を獲得しています。これも目指す姿、目標が明確だからこその結果だと思っています。

†自分の感覚を研ぎ澄まし、周囲の声を聴く

バーテンダーの皆さんとお話しする時など、どうやったら官能評価力を上げることが出来るかという質問をよく受けます。確かな官能評価力があってこそ目指す姿がはっきりしてくるわけですから、ブレンダーとしても非常に重要な課題です。

私がまずお答えするのは、自分がどう感じたかを大切にしてください、ということです。人の声に惑わされず、自分はどのように感じたかということをはっきり意識し、自分なりの言葉で、かつ出来るだけ多くの言葉で表現しようと努力することです。ここでの言葉は専門用語である必要はなく、漠然としたものでよいので言葉数を多くすることにこだわった方がよいと思います。他人の意見や本に記載されているテイスティングノートなどと比較するのは次の段階です。最初は先輩や他人の評価、大きい声に惑わされがちですが、まずは自分の評価軸をぶらさないことが大事です。そこがしっかりしていれば、先輩の言葉と自分の感覚のどこが違うのか、すり合わせの精度も上がっていきます。

お客様の声に常に耳を傾ける、という意味で消費者調査は重要です。しかし、全ての領域でお客様の声が第一というわけではないように思います。プレミアム製品、こだわり製

品の開発で重要なのは自分自身が納得する美味さ。自分自身が美味しいと自信を持って人に語れるか、ということです。国内外の様々な製品に接し、第一級といわれる製品がどのようなもので、それがどんな点に由来しているのか、一番分かっているのはブレンダーのはずです。もちろんその逆にも精通していることが必要です。ブレンダーならばウイスキーに留まらず、他分野の製品に接する機会も人一倍多いはずです。そのブレンダーが納得する美味さが、一番高いハードルになるはずです。

一見矛盾するようですが、ものをつくる人は、周囲の意見を素直に聞く耳を持っていなければなりません。私の場合でも、スタンダードクラスの製品や、エコノミークラスの製品をつくる時には、常飲者の声を最も重く受け止めます。毎日飲み続けられる美味さは、ブレンダーがイメージしにくいところがあります。日常品、エコノミー商品の美味しさはお客様の声に素直に耳を傾けることから始まります。

いずれにしても自分の価値観、価値軸にこだわらなくてはなりません。つくり手である私たちは、素材からプロセスまで誰よりも分かっているはずです。常に第一級と感じていただけるような良質な製品を提供し続けることはメーカーの責務です。だからこそ自分が感じる美味さに自信をもち、こだわらなければならないと思っています。

9　まかない料理に終始しない

ウイスキーづくりの本質は一〇年前、二〇年前に仕込まれた原酒をもとに、現在のマーケットに向けて製品を提供することにあります。現時点で保有している熟成原酒をもとに製品がつくられるわけで、極めて大きい制約の中のものづくりと言えるでしょう。当然のことですが、将来の製品の販売動向などはとても正確に予測できるものではありません。ですから原酒の在庫は常に量的な過不足だけでなく、質的にみてもアンバランスな状態で存在する、といってよいでしょう。ブレンダーの仕事は、各ブランドの五年先、一〇年先の品質も意識しながら進めなければなりません。

料理の世界に詳しいわけではありませんが、手元にある材料で美味しいものをつくらなければならないという意味では、〝まかない料理〟と共通する部分が多いのではないでしょうか。料理の鉄人がつくるまかない料理はきっと美味しいに違いありません。手持ちの素材で最高に美味しいウイスキーをつくるために、ブレンダーに求められるのは、一樽一樽の品質を見極めながら、貯蔵中の原酒に最高の出番を与え、各ブランドの品質を維持しながら、少しでも品質レベルを向上させていくことです。ブレンダーはまかない料理の達人でなければなりません。

思えば私もこれまで随分とまかない料理に汗をかいてきたものです。手持ちの原酒を駆使して、美味しいウイスキーを提供する。会社としては理想的なブレンダーと言えそうです。しかし、まかない料理ばかりやっていてはウイスキーの進化は望めません。ブレンダーは時には原酒在庫の制約をはずして、自分は何をつくりたいのか、一人のつくり手として、メーカーとしてどのような品質を目指すのか、最高のウイスキーとは何か、という観点での仕事をしなければいけません。そうすることで、自分たちの足りない技術が分かり、メーカーとして持っていない原酒や製造技術がクリアになってきます。

実際、他社のシングルモルトウイスキーをテイスティングしながら、自社にもこんなキャラクターの原酒があったらと思うことがあります。そのような自社のまだまだ不足しているものを明らかにするのが、まかない料理を離れることによって見えてきます。そして、こうした技術的な課題を可視化し、課題をクリアすることによって、五年先、一〇年先の品質向上が見込めるのです。足りない技術を明らかにしていくことは、時に組織間の軋轢《あつれき》を生みかねませんし、平穏な現状にあえて波風立てなくても、と思ったりするところですが、ウイスキーづくりに関しては不可欠な行為なのです。

私自身を振り返ってみたとき、制約を受けずにつくることができるという意味で忘れられない仕事は、プライベートウイスキーの開発でした。製造本数が少なく、継続生産のないプライベート製品は、原酒の使用に関する厳しい条件なしに仕事ができる、極めて恵まれた案件です。しかも、プライベート製品はよりターゲットが限定されるので、目指す味わいもよりクリアにすることが容易ともいえます。

もちろん、日常的に自分は何をつくりたいのか、自分が理想とする品質とはどんなものか、ということを意識していないと、実際にはなかなか行動に移せません。こういう細かい仕事ほど手間ひまかけず、短時間で効率的に片付けてしまいたい、と考えるのが当たり前の考え方かもしれません。技術革新や大きな設備投資をしても、その結果が個々の製品の品質向上に反映するのに非常に長い時間がかかるのがウイスキーならではの宿命です。そのためにも自分の求める理想の姿を常に意識していることが必要なのです。

10 制約の厳しさが創造力を鍛える

これまでのウイスキーづくりを振り返ってつくづく思うのは、ブレンダーの創造力を鍛えてくれるのは制約条件の厳しさだということです。

繰り返しになりますが、ウイスキーは一〇年前、二〇年前につくられた原酒をもとに現在の市場に向けた製品をつくらなければなりません。マーケティング部門が大変魅力的な製品コンセプトを提案したとしても、それを実現する原酒があるとは限りません。私の経験でも、原酒の在庫がそんなに都合よく存在したことはありませんでした。ブレンダーにとっては無理な要求としか映りません。

私たちは困難な課題を与えられるとまずそれが実現不可能な理由を探すことから始めがちです。実際、私もそうしてきました。マスターブレンダーに最終的な了解を得るためにテイスティングに臨んだ場面で、厳しい駄目出しをもらったこともたびたびでした。そんな時でも、出来ませんと言えないのがブレンダーという仕事でもあります。

打ち手が全く見えない、納期は刻々と近づく。完全に追い込まれた状況の中で、初めてブレンドのアイデアは生まれるようです。〇・一パーセントでブレンド全体を変えてしまうような強烈なパワーをもった原酒の発見、調合などは、全て追い込まれた末に絞り出されたものでした。そして、そのアイデアは皆過去の経験に由来するものです。全く過去の経験とは脈絡なく忽然と思い浮かぶことなどないような気がします。もちろん、昔大先輩から聞いた覚えがある、というようなことも大事なヒントとなります。

ミステリー好きの私は北方謙三さんの小説を愛読しています。『抱影』という作品に、印象的な一節があります。画家である主人公が、酒場で生計を立てながら画家を目指す若い女性に対し、

「満足するな。まず、酒場で売れる絵。つまり、制約の中で描いてみる。制約があればあるだけ、創造力は高まる」

と諭すシーンは読みながら固まってしまったのを思い出します。

困難な課題を与えられることが結果的に創造力を鍛え、ブレンダーのスキルを高めていくことになります。またまた口幅ったいことを書いてしまいました。このような受け止め方ができるようになったのも現役ブレンダーを辞める頃になってからのことですから、どうぞご容赦ください。

エピローグ　定年後の挑戦

†突然の朗報

二〇一五年三月一九日、私にとって生涯忘れられない一日をロンドンで迎えました。日本人で初めて、欧米人以外では初めてなのですが、ウイスキーの殿堂入りという栄誉に浴することができました。

ウイスキーファンの世界では最も知られたといってもよいでしょう、『ウイスキーマガジン』(Whisky Magazine) という雑誌が設けている〝ホール・オブ・フェイム〟(Hall of Fame、ウイスキーの殿堂) の一員に加えられることになりました。二九番目だそうです。その表彰式がロンドンのヒルトンホテルで催されました。これまで会社そのものの表彰や、私がブレンダーとして関わった製品の表彰式には何度も出席しましたが、海外で個人表彰を受けるのは全く初めての経験でした。三年を経た今でも、本当に私が受賞したのだろうか、と思わないでもありません。

その知らせがもたらされたのは二〇一五年の新年早々のことで、元旦に発信された関係者からのメールでした。初出勤でたくさんたまったメールの中に、その朗報は埋もれていました。『『ウイスキーマガジン』で輿水様がすごい賞を受賞されましたことは私どもにとりましても本当に嬉しい喜びです。詳細も追ってお送り申し上げます」というものでした。

新年はいつも生まれ故郷で迎え、初詣でおみくじを引くのが恒例行事になっていました。二〇一四年は大吉を引き当てて、実際に一年間素晴らしいことが続きました。想定外であった〝ディスティラー・オブ・ザ・イヤー〟(Distiller of the year)の三年連続受賞、また長年お世話になったサントリーからは〝名誉チーフブレンダー〟という肩書きをいただきました。よいことずくめの二〇一四年に対し、二〇一五年は「半吉」という中途半端な目が出たこともあり、年初の朗報は少々意外なスタートとはなりました。

先のメールには「すごい賞」と書いてありましたが、この時点ではホール・オブ・フェイム受賞だということは全く分かっていませんでした。結局、一月二十日に私が殿堂入りという情報を初めて知ることになります。正直なところ、私はウイスキーの殿堂というものが存在することさえ知りませんでした。この受賞がどれほどの意味をもつものか、当然そこが一番気になるところでもありました。

ウイスキーマガジン社のホームページを見ると、これまでの受賞者の写真が掲載されていました。そもそもホール・オブ・フェイム（Hall of Fame）とは二〇〇四年に創設されたもので、一人目の受賞者はウイスキーやビールの著述家として高名であり、最近のシングルモルトウイスキーを語るには欠かせない存在であるマイケル・ジャクソン氏でした。翌年はアイリッシュウイスキーのマスターブレンダーとして有名なバリー・ウォルシュ氏、さらにロバート・ヒックス氏、ジミー・ベッドフォード氏、ジョン・ラムゼイ氏、デヴィッド・スチュワート氏、ジミー・ラッセル氏と続きます。マイケル・ジャクソン、ジミー・ベッドフォード以外は皆マスターブレンダーとして活躍していた面々であり、私にとってはニ〇〇四年以来、お付き合いのある方ばかりです。その他、近年の受賞者を見てもブレンダーとして、つくり手としてよく知られた人ばかりで、現在のウイスキーの品質向上に、またウイスキー業界の発展に多大な貢献をされた人ばかりです。この一員に加えられるということは望外の喜びといわざるを得ません。私が二九人目であり、欧米以外で初の受賞者なのだそうです。

朗報に喜ぶ一方で、当然、私でよいのかと思わないではいられませんでした。ウイスキーは決して一人の人間の手で出来上がるようなものではありません。一本のウイスキーが出来上がるまでには、原料の調達から仕込、発酵、蒸溜、貯蔵、さらにはブレンド、瓶詰めという多くの工程を経るのです。それだけでなく一〇年、二〇年、時には三〇年以上という長い貯蔵熟成期間を経て、原酒は出来上がります。一本の製品の背後には二〇年前、三〇年前の大先輩の存在があるのです。原酒の選定や配合割合の決定はブレンダーの手によるものですが、その評価をブレンダー一人が受けてもよいものか、これは常に心の底にありました。

これまでも様々なメディアに露出する機会は多かったのですが、一人のブレンダーのみに注目が集まる、評価されるというのは意外に居心地のよくないものなのです。一種の後ろめたささえ感じました。あくまで、これまでウイスキーづくりに関わって来た全ての人間を代表して受賞するのだ、と自分自身を戒めながら表彰式に臨むことにしました。

†感激の表彰式

三月十九日の表彰式は思ったよりも早くやってきた、というのが正直なところです。日本のウイスキー市場はこの数年のハイボールブームのお陰もあって、大変活性化してきました。約二五年間続いたダウントレンドの時代とは全く流れが変わったという印象です。

さらには、世界の注目が日本のウイスキー、特にシングルモルトに集まり始めていました。そして、NHKの朝ドラ（連続テレビ小説『マッサン』二〇一四年九月〜二〇一五年三月放送）がそれをさらに加速させたように思います。これまでウイスキーにあまり縁のなかった主婦層までもが、ウイスキーを語るようになったと思います。当然、蒸溜所の見学希望者も増え、外国からの見学者の存在はごく当たり前の光景となりました。日本のウイスキーの大きな転換期であったように思います。

この表彰式ではサントリー山崎蒸溜所も「Whisky Visitor Attraction of the Year」という賞をいただくことができました。最近のウイスキー見学者が増加する中で、蒸溜所でのおもてなしについて評価をいただいたことは、日頃工場広報に力を注いで来られた関係者にとって、大きな意味があったと思います。

会社や製品の表彰は表彰を受ける当事者と、それ以外の人では当然温度差がありますから、会場の雰囲気も歓声とともに盛り上がっているテーブルと、静かなテーブルとの落差は大変大きなものがあります。競合同士ですからそれは当然のことでしょう。個人の表彰

Hall of Fame（ウイスキーの殿堂）表彰式にて

だけは会場の雰囲気が一変したのを覚えています。受賞者の名前とともに業績が紹介されていきます。その間、それまでのざわついた雰囲気は一変し、皆さんが注目して次の瞬間を待っているのを強く感じました。

私の表彰理由が紹介され、名前がコールされた瞬間の感動は忘れられません。ほぼ一斉に皆さんが立ち上がったのです。初めて経験するスタンディングオベーション、その中を壇上に上がる快感は生涯忘れることはないでしょう。トロフィーや賞状（証明書）を授与され、受賞スピーチを行う、その一連の過程の心地よさといったら。既に六五歳を過ぎ、ブレンダーとしては第一線を退いた後であるだけに、感激はひとしおでした。

しかし最高の感激の中にいながら、思った以上に冷静でいられたのには私自身も驚きました。まだまだブレンダーとしては発展途上と思っているからなのかもしれません。表彰式が終わり高揚した気持ちのまま、日本から出席された皆さんとともにヒルトンホテルのバーで祝杯をあげました。三陽物産の鳥井《とりい》親一《しんいち》会長自ら撮影された式典のDVDは私にとって最高のお宝となりました。

†表彰式後の想い

あの日から三年以上経ちましたが、いまだにお祝いのメッセージを頂戴したりします。冒頭でもふれましたが、ウイスキーは一人の力で出来上がるものでなく、過去の先輩方も含めた総合力の結果であると、心底から思う私にとっては時に心苦しく思う場面もあります。そんな私を勇気付けてくれる心強い大先輩もいました。日本人はひとつの業績に対し特定の個人を讃えることよりも、組織の総力の結果であることにしがちだが、それは日本人のよいところでもあるが、悪いところでもある、というご指摘でした。

この受賞で今も不思議に思うのは、一体どういう過程で私が選ばれたのかということです。特に、これまで欧米人からしか表彰されていなかったことを考えると、余計その想いは募ります。今の日本のウイスキーが世界の五大ウイスキーのひとつとして存在感を高めたから、とはいえるでしょう。そして、何よりも二五年近くダウントレンドの中にあり、元気のなかった日本のウイスキー市場に活気が戻ったからであることも想像に難くありません。そういう意味では、私の今回の受賞は単にウイスキーづくりに関わって来られた皆さんのお陰だけでなく、営業やウイスキーをお取り扱いいただいている皆様のお陰ということになります。

さて、六五歳を過ぎてこのような評価をいただくことになりました。私自身のこれまでを振り返ると、二、三十代よりも四十代、四十代よりも五十代、六十代と年を経るに従って皆さんの評価をいただいてきたことは、一人の人間としてこれほど恵まれたことはないと思っています。本当に幸運に恵まれていました。私がウイスキーに関わるようになって四五年になりますが、ここで改めて私が何をしてきたのか、もしあるとすれば私がウイスキーの世界で残したものは何なのか、振り返ってみたいと思い今回の執筆につながりました。本書の中に何かひとつでも皆さんの参考になるようなことがあればこんなに嬉しいことはありません。

†新たな挑戦

六八歳を過ぎた今、私は新たな挑戦を始めました。これまでの常識を覆すような新たなウイスキーをつくってみたい、という夢の実現を目指しています。ウイスキーの殿堂入り、というような評価をいただいたのですから、晩節を汚しかねないようなことはしない方がよい、という想いもあるのですが、やはりものづくりの面白さには勝てません。

京料理の名店『梁山泊』のご主人である橋本憲一《はしもとけんいち》さんとともに、京都に株式会社ハセラボというベンチャーを立ち上げました。今も第一号製品の発売を目指して試行錯誤している真っ只中です。大手メーカーのブレンダーではなし得なかったことを実現したいと思っています。驚いたことに、六六歳の春に京信・地域の起業家大賞（京都信用金庫主催）優秀賞をいただきました。何の実績もないのにと思いながら、若い起業家たちとともに表彰式に臨みました。授賞理由は六五歳を過ぎてからの起業、現役時代に様々な技術・技能をもった人間が定年後にその培った技術を活かすこと、それがこれからの日本で期待される生き方のひとつということでしょう。残された時間はそう多くはありません。最期まで現役ブレンダーに徹し、何かを残したいと思います。

* * *

終わりに、本書を執筆した動機をお話ししたいと思います。四〇歳を過ぎてブレンダーとなり今日までできました。入社時にはブレンダーになることなど全く思ってもいませんでした。自分の味覚や嗅覚に自信など全くありませんでした。ものづくりの現場で仕事をしたいというのが希望でした。

ブレンダー室への異動を通知されたのは一九九一年のことで、ウイスキーを取り巻く環境は厳しく、長いダウントレンドの中にありました。定年を迎えるほんの数年前までダウントレンドはつづきました。まさにダウントレンドとともにあったブレンダー人生、トレンドを変えるために新製品開発や既存製品の品質向上に向けた取組みだけでなく、国内外での品質訴求活動や広報・宣伝活動、原酒開発やウイスキー中のポリフェノールの効用研究などなど、実に様々なことに挑戦する機会を得ました。今思えば売れている時代のブレンダーよりはむしろよかったのかもしれません。ブレンダーという職業だったからでしょう、第一線で活躍する多くの著名な方々に出会い、すばらしい経験、教えを受けました。この貴重な経験をまとめたのが本書です。

かつて私は『ウイスキーは日本の酒である』（新潮新書、二〇一一年）という本を出しました。私にしては気張ったタイトルですが、出版当時よりもタイトルに込めた想いに近づきつつあるように感じます。

ウイスキーの本場は世界中のどなたに聞いてもスコットランドと答えられると思います。

ウイスキーはもともとアイルランドで生まれたといわれますが、今日、スコッチこそ本格・本物と思われているのは、スコットランドのつくり手たちが長年かけてウイスキーの品質を磨き上げてきた努力の結果に他なりません。

その意味では、今や世界でもトップクラスの評価を得た日本のウイスキーがこの先も謙虚に品質を磨き続け、高評価を維持することができたならば、〝ウイスキーは日本の酒である〟というメッセージを誰もジョークだとは思わない時代が来ることでしょう。私が生きているうちには無理でしょうが、やがて後輩たちの手によってその日が到来することを期待したいと思います。

最後に本書の執筆に当たって大変お世話になった筑摩書房の伊藤笑子様に心より感謝申し上げます。また執筆に際しお世話になった皆様、サントリーの鳥井《とりい》信吾《しんご》副会長（マスターブレンダー）、そしてウイスキー部、ブレンダー室、広報部はじめ多くの方々に心より感謝申し上げます。

二〇一八年一二月

輿水精一

ちくま新書
1381

大人《おとな》が愉《たの》しむウイスキー入門《にゅうもん》

二〇一九年一月一〇日　第一刷発行

著　者　輿水精一（こしみず・せいいち）

発行者　喜入冬子

発行所　株式会社 筑摩書房
東京都台東区蔵前二-五-三　郵便番号一一一-八七五五
電話番号〇三-五六八七-二六〇一（代表）

装幀者　間村俊一

印刷・製本　株式会社 精興社

ISBN978-4-480-07186-6 C0277